深部软岩巷道围岩
稳定性分析与控制技术

孔德森　薄福利　董桂刚　李振武　著

北　京
冶 金 工 业 出 版 社
2014

内 容 提 要

本书系统地介绍了作者近年来在深部软岩巷道围岩稳定性分析与控制技术方面的研究成果。全书共分 8 章，详细论述了深部软岩巷道围岩的变形破坏特征、变形破坏机理以及巷道围岩稳定性控制技术。主要内容包括：深部软岩巷道围岩变形破坏特征分析、深部软岩巷道地应力实测分析、深部软岩巷道围岩岩性与破坏机理分析、深部软岩巷道围岩松动圈实测分析、深部软岩巷道围岩稳定性控制技术、深部软岩巷道稳定性控制数值分析、深部软岩巷道围岩稳定性控制效果分析等。

本书可供采矿工程、矿井建设工程、岩土工程、地下工程等专业的研究生和科研人员参考，也可供从事以上专业设计和施工的工程技术人员参考。

图书在版编目（CIP）数据

深部软岩巷道围岩稳定性分析与控制技术/孔德森等著 . —北京：冶金工业出版社，2014. 11
ISBN 978-7-5024-6770-8

Ⅰ . ①深… Ⅱ . ①孔… Ⅲ . ①煤矿—软岩巷道—围岩稳定性—研究 Ⅳ. ①TD322

中国版本图书馆 CIP 数据核字（2014）第 244642 号

出 版 人 谭学余
地　　址　北京市东城区嵩祝院北巷 39 号　邮编　100009　电话　(010)64027926
网　　址　www. cnmip. com. cn　电子信箱　yjcbs@ cnmip. com. cn
责任编辑　杨　敏　美术编辑　彭子赫　版式设计　孙跃红
责任校对　禹　蕊　责任印制　牛晓波
ISBN 978-7-5024-6770-8
冶金工业出版社出版发行；各地新华书店经销；北京百善印刷厂印刷
2014 年 11 月第 1 版，2014 年 11 月第 1 次印刷
148mm×210mm；5 印张；144 千字；146 页
25. 00 元

冶金工业出版社　投稿电话　(010)64027932　投稿信箱　tougao@ cnmip. com. cn
冶金工业出版社营销中心　电话　(010)64044283　传真　(010)64027893
冶金书店　地址　北京市东四西大街 46 号(100010)　电话　(010)65289081(兼传真)
冶金工业出版社天猫旗舰店　yjgy. tmall. com
（本书如有印装质量问题，本社营销中心负责退换）

前　　言

我国埋深超过 1000m 的煤炭储量约为 29500 万亿吨，占煤炭资源总量的 53%。随着煤炭工业的发展，开采能力和机械化程度不断提高，深部矿井逐渐增多，深部开采已成为矿业工程发展的必然趋势。预计在未来 20 年，很多煤矿将进入 1000～1500m 的开采深度。

随着矿井开采逐渐向深部扩展，巷道断面逐渐增大，原岩应力与构造应力不断升高，相应的采掘工程围岩应力更为突出，在浅部呈现中硬岩变形破坏特征的工程岩体，进入深部后转化为高应力软岩，表现出大变形、高应力和难支护的软岩特征。深部巷道高地压现象极为突出，矿井深部巷道地质条件复杂，围岩应力分布与矿压显现异常，致使深部巷道不仅在采掘影响期间围岩急剧变形，而且在应力分布趋于稳定后仍保持快速流变，顶板下沉和两帮移近明显，底臌严重，失修和严重失修的巷道增多，巷道维护十分困难，维护费用增高，且常常出现前掘后修、重复返修的现象。一般来说，每米巷道平均每年的维修费用需要 2000 元左右，我国深部软岩巷道长达 180 万米，深部软岩巷道每年的修复费用高达 36 亿元。对于开拓巷道来说，因其服务年限可达 50～80 年，所消耗的巷道维修费用就更为惊人。深部复杂软岩巷道围岩的稳定性分析与控制已成为当今地下工程中最为复杂的难题之一，严重制约着深部矿井开采的高产、高效、低耗及安全生产水平，阻碍着深部开采的健康可持续发展，威胁着深部矿井企业的生存。

深部软岩巷道围岩的稳定性分析与控制技术不仅是目前一些深部矿井面临的问题，从长远来看，它也是今后进一步开发利用深部矿产资源具有战略意义的问题。近几十年来，国内外学者对深部软岩巷道围岩的稳定性控制问题进行了广泛深入的研究，且取得了很大的进展，提出了各种分析理论、设计方法和计算模型，发展和改进了各种施工、检测和实验方法，切实有效地指导了工程实践，但由于深部软岩巷道围岩稳定性分析与控制技术的复杂性，现有的认识仍不能满足采矿工程的需要，在理论分析和现场实践方面还存在很多问题。为此，作者围绕深部软岩巷道围岩稳定性分析与控制技术研究中存在的主要问题，在软岩巷道的变形破坏特征、巷道围岩的变形破坏机理以及深部软岩巷道围岩的稳定性控制技术等方面进行了系统而全面的研究工作。

本书是作者多年来在深部软岩巷道围岩稳定性分析与控制技术方面研究成果的总结，共分8章。第1章为绪论，介绍了深部软岩巷道围岩稳定性分析与控制技术的研究背景、国内外研究现状与进展以及现有研究存在的主要问题；第2章重点介绍了深部软岩巷道围岩的变形破坏特征；第3章通过应力解除法实测了深部软岩巷道的原岩应力，并对实测结果进行了分析，在此基础上，给出了一些巷道布置与支护的建议；第4章对深部软岩巷道围岩的岩性进行了物相分析，进而全面分析了深部软岩巷道围岩的破坏机理；第5章对深部软岩巷道围岩的松动圈进行了实测分析；

第6章重点介绍了深部软岩巷道围岩的稳定性控制技术，具体包括各种已破坏巷道的加固技术和新掘巷道的支护技术等；第7章对研究确定的深部软岩巷道围岩的稳定性控制技术方案进行了数值模拟计算和对比分析；第8章对深部软岩巷道围岩的稳定性控制效果进行了反馈分析，分析结果表明，研究确定的深部软岩巷道围岩的稳定性控制技术方案是合理、有效的，可以保证深部软岩巷道围岩的长期稳定。

本书由孔德森、薄福利、董桂刚和李振武撰写。在本书写作过程中，王晓敏、赵志民、王安水、王士权、邓美旭、谭晓燕、陈士魁、宋城等研究生做了大量的数据整理工作，在此谨向他们表示衷心的感谢。同时，书中还参考了国内外众多单位和个人的研究成果与工作总结，在此一并表示感谢。

本书的出版得到了山东科技大学杰出青年科学基金项目（2012KYJQ102）和山东科技大学科研创新团队支持计划项目（2012KYTD104）的资助，在此一并表示感谢。

由于作者水平有限，书中不足之处，恳请读者给予批评指正。

作　者

2014 年 8 月

目　录

1 绪 论

1.1 研究背景

随着煤炭工业的发展，矿井开采正经历着一个由浅到深、由简单到复杂的过程。我国埋深超过 1000m 的煤炭储量约为 29500 万亿吨，占煤炭资源总量的 53%[1]。随着开采能力和机械化程度的不断提高，煤炭矿井正以每年 15~25m 的速度向深部延深，深部矿井逐渐增多，深部开采也已成为煤炭工业发展的必然趋势[2]。预计在未来 20 年，很多煤矿将进入 1000~1500m 的开采深度[3]。

目前，我国采深超过 1000m 的煤矿已有几十处，最深的达到 1200m 以上[4~6]。例如，沈阳矿业集团的彩屯煤矿采深达 1200m，新汶矿业集团的孙村煤矿采深达 1055m，北票矿业集团的冠山煤矿采深达 1059m，徐州矿业集团的张小楼煤矿采深达 1100m，北京矿业集团的门头沟煤矿采深达 1008m，开滦矿业集团的赵各庄煤矿采深达 1159m。其他如唐山煤矿、马家沟煤矿、林西煤矿、台吉煤矿、华丰煤矿、王家营煤矿、唐口煤矿、安居煤矿等矿井的开采深度均达到了 1000m[7~9]。

在国外主要采煤国家中，原联邦德国和前苏联较早进入深部开采[10,11]。早在 19 世纪 60 年代初，埃森北部煤田中的巴尔巴拉煤矿的开采深度就已经超过了 1000m，采深达 1200m。1960 年至 1990 年间，联邦德国煤矿的平均开采深度从 730m 增大到 900m 以上，最大开采深度从 1200m 增大到 1500m，并且分别以每年约 10m 的速度递增，目前最大采深已达 1713m。前苏联在解体前的 20 年中，煤矿的开采深度以每年 10~12m 的速度递增。在俄罗斯，仅顿巴斯矿区就有 30 多个矿井的开采深度达到 1200~1350m。英国煤矿的平均采深为 700m，最深的达到 1100m；波兰煤矿的平均采深为 690m，最深的达到 1300m；日本煤矿的开采深度也已达到了 1125m[12~14]。

随着矿井开采逐渐向深部扩展，巷道断面逐渐增大，原岩应力与构造应力不断升高，相应的采掘工程围岩应力更为突出，在浅部呈现中硬岩变形破坏特征的工程岩体，进入深部后转化为高应力软岩，表现出大变形、高应力和难支护的软岩特征。深部巷道高地压现象极为突出，矿井深部巷道地质条件复杂，围岩应力分布与矿压显现异常，致使巷道不仅在采掘影响期间围岩急剧变形，而且在应力分布趋于稳定后仍保持快速流变，顶板下沉和两帮移近明显，底臌严重，失修和严重失修的巷道增多，巷道维护十分困难，维护费用增高，且常常出现前掘后修、重复返修的现象[15,16]。

对于深部复杂条件下的软岩巷道，原来适用于浅部硬岩巷道的支护技术表现出明显的不适应，巷道在服务期间屡遭破坏，需要多次翻修，每米巷道每年的修复费用需要 2000 元左右，我国深部高应力软岩巷道长达 180 万米，深部高应力软岩巷道每年的修复费用高达 36 亿元，严重影响了矿井的正常生产和企业的经济发展，是制约煤炭工业进一步发展的技术关键[17~20]。尤其对于开拓巷道来说，因其需要 50~80 年的服务期限，所消耗的修复费用就更为惊人。

深部复杂软岩巷道围岩的稳定性控制已成为当今地下工程中最为复杂的难题之一，严重制约着深部矿井开采的高产、高效、低耗及安全生产水平，阻碍着深部开采的健康可持续发展，威胁着深部矿井企业的生存[21]。

复杂条件下深部软岩巷道的稳定性控制不仅是目前一些深部矿井面临的问题，从长远来看，它也是今后进一步开发利用深部矿产资源具有战略意义的问题。因此，必须加强对深部软岩巷道原岩应力状态、围岩岩性特征和变形破坏规律的研究，认清围岩应力作用与围岩变形破坏的关系，探明深部软岩巷道围岩破坏机理与变形破坏的规律，从而为选择合理的加固支护方式、优化加固支护参数、确定合理的加固支护工艺提供依据，以形成适应深部复杂软岩巷道的围岩稳定性控制理论和方法，从而达到降低巷道支护与维护费用、显著提高深部复杂软岩巷道稳定性的目的[22~24]。

1.2 国内外研究现状与进展

1.2.1 深部软岩巷道支护理论研究现状与进展

国外以南非为代表的深部开采研究从 20 世纪 80 年代初期开始，其他国家如俄罗斯、波兰、德国、印度和日本等都进行过广泛的深部开采的研究。大量的工程实践和理论研究使软岩巷道支护理论有了比较系统、全面的发展，各种支护理论和技术都得到了不断的完善和推广，形成的几种具有代表性的支护理论如下[25,26]：

(1) 古典压力理论。20 世纪初发展起来的以海姆（A. Haim）、朗肯（W. J. M. Rankine）和金尼克理论为代表的古典压力理论认为：作用在支护结构上的压力是其上覆岩层的重量 γH。其不同之处在于，海姆认为侧压力系数为 1，朗肯根据松散体理论认为侧压力系数为 $\tan^2(45° - \varphi/2)$，而金尼克根据弹性理论认为侧压力系数为 $1 - \mu$，其中 μ，φ 和 γ 分别表示岩体的泊松比、内摩擦角和重度[27]。

(2) 坍落拱理论。随着开采深度的增加，研究发现古典压力理论在许多方面不符合实际，于是，坍落拱理论应运而生，具有代表性的有太沙基（K. Terzaghi）理论和普氏理论[28,29]。坍落拱理论认为：坍落拱的高度与地下工程的跨度和围岩性质有关。太沙基认为坍落拱的形状为矩形，而普氏则认为坍落拱形状呈抛物线形。坍落拱理论的最大贡献在于它认为巷道围岩具有自承能力。

(3) 新奥法理论。20 世纪 60 年代，奥地利工程师 L. V. Rabcewicz 在总结前人经验的基础上，提出了一种新的隧道设计施工方法，被称为奥地利隧道施工新方法（New Austrian Tunneling Method），简称为新奥法（NATM）[30~32]。

新奥法目前已成为地下工程的主要设计施工方法之一。1978 年，米勒（L. Muller）教授比较全面地论述了新奥法的基本指导思想和主要原则，并将其概括为 22 条。1980 年，奥地利土木工程学会地下空间分会把新奥法定义为：在岩体或土体中设置的使地下空间周围的岩体形成一个中空筒状支撑环结构为目的的设计施工方法。新奥法的核心是利用围岩的自承作用来支撑隧道围岩，促使围岩本身变为支护结构的重要组成部分，使围岩与构筑的支护结构共同形成坚固的支撑环。新奥法自奥地利起源之后，先后在欧洲诸国，特别是在意大利、挪威、瑞典、德国、法国、英国、芬兰等大量修建山地与城市隧道的国家得以应用与发展，然后，世界各国，特别是亚洲的日本、中国、印度；北美的美国、加拿大；南美的巴西、智利；非洲的南非、莱索托以及大洋洲的澳大利亚、新西兰等国都成功地把它应用于一些不同地质情况下的隧道施工中，并且从最初的隧道施工扩展到采矿、冶金、水力电力等其他岩土工程领域[33,34]。

虽然新奥法的应用已十分广泛，但不同的应用者对它的解释还存在着许多差异。实际工程中存在着一种倾向，就是盲目地把新奥法应用于不适宜的地质条件，从而使这些巷道工程出现这样或那样的问题。这种情况在中国也同样存在，尤其是煤矿，人们对软岩的物理含义和力学性质理解不够、对利用仪器进行巷道变形及荷载测量的重要性认识不足，不仅时常出现不合理的套用新奥法理论来解释煤矿受采动影响巷道、极软弱膨胀松散围岩巷道的支护机理，而且也出现过因应用新奥法不当而造成锚喷或锚喷网支护的巷道大面积垮落、坍塌等事故，从而导致人力、物力的巨大浪费。

（4）应变控制理论。日本山地宏和樱井春提出了围岩支护的应变控制理论，该理论认为：隧道围岩的应变随支护结构的增加而减小，而允许应变则随着支护结构的增加而增大。因此，通过增加支护结构，能较容易地将围岩的应变控制在允许的应变范围内[35]。支护结构的设计则是在由工程测量结果确定了对应于应变的支护工程的感应系数后确定的。

（5）能量支护理论。20 世纪 70 年代，萨拉蒙（M. D. Salamon）等提出了能量支护理论，该理论认为：支护结构与围岩相互作用、共同变形，在变形过程中，围岩释放一部分能量，支护结构吸收一部分能量，但总的能量没有变化。因而，主张利用支护结构的特点，使支架自动调整围岩释放的能量和支护体吸收的能量，支护结构具有自动释放多余能量的功能[36]。

（6）数值计算方法。目前，数值计算方法的发展日趋成熟，如有限单元法、边界元法、离散元法等，以此为理论基础的计算软件大量涌现，如 ADINA，NOLM，FINAL，UDEC，SAP，FLAC，ANSYS，ABAQUS 等程序都为广大用户所熟知，这些软件与一些支护理论相结合，在地下工程支护中得到了广泛的应用[37~40]。

在中国，软岩巷道支护的系统研究始于 1958 年春，北京市西部九龙山向斜北翼安家滩井田西部近向斜长轴处，木支架大巷遇到灰黑色泥岩，发生强烈底臌，后改用五节棚支护，再加底梁，均无效，巷道失稳而报废。自此上报，提出软岩支护难题。后开发辽宁的沈北矿区，在前屯矿建设时出现井口大变形，支护挤裂，无法继续掘进，停工维修，前掘后塌，停掘返修，因工程难以前进而报废，以致停工数年。此后，该矿区的蒲河矿、大桥矿、平庄矿区红庙矿也出现了重大软岩技术事故。为此，原煤炭部集中了一些科研院所、高校和设计院的技术力量，在前屯矿二号井、三号井和红庙矿进行了多种巷道支护形式的试验和测试工作，在巷道断面、支护形式及施工工艺等方面都取得了初步经验[41~43]。

20 世纪 80 年代以来，与软岩工程相关的全国性学术会议召开了 20 余次，对地下工程软岩问题的理论研究进入了一个新的阶段。中国煤矿矿压专业委员会软岩分会召集全国的软岩科研、施工、生产各方面的专家进行交流，起到了很好的组织、交流和提高作用。特别是 20 世纪 90 年代初，中国岩石力学与工程学会软岩工程专业委员会以及全国煤矿软岩工程技术研究推广中心的成立，更为软岩工程理论与技术的交流与推广创造了良好的条件。

目前，软岩巷道支护领域形成的具有代表性的分析理论主要包括以下几种：

（1）岩性转化理论。中国著名的岩土工程专家陈宗基院士在 20 世纪 60 年代从大量工程实践中总结出了岩性转化理论，该理论认为：同样矿物成分、同样结构形态的岩体，在不同工程环境和工程条件下会产生不同的应力、应变，以形成不同的本构关系。坚硬的花岗岩，在高温、高压的工程条件下，产生了流变、扩容，同时还指出，岩块的各种测试结果与岩体的工程设计有明显的区别。强调岩体是非均质、非连续的介质，岩体在工程条件下形成的本构关系绝非简单的弹塑、弹黏塑变形理论特征[44]。

（2）轴变论理论。于学馥教授等提出的轴变论理论认为：巷道坍落后可以自行稳定，可以用弹性理论进行分析[45]。围岩破坏是由于应力超过岩体强度极限引起的，坍落是改变巷道轴比、应力进行重分布的过程。应力重分布的特点是高应力下降，低应力上升，并向无拉力和均匀分布发展，直到稳定而停止。应力均匀分布的轴比是巷道最稳定的轴比，其形状为椭圆形。近年来，于学馥教授等运用系统论、热力学等理论提出开挖系统控制理论。该理论认为：开挖扰动破坏了岩体的平衡，这个不平衡系统具有自组织功能。

（3）联合支护理论。冯豫、陆家梁、郑雨天和朱效嘉教授等提出的联合支护理论是在新奥法的基础上发展起来的，其观点可以概括为：对于深部复杂软岩巷道支护，一味地强调支护刚度是不行的，要先柔后刚、先抗后让、柔让适度、稳定支护。由此发展起来的支护形式有锚喷网支护技术、锚喷网架支护技术、锚带网架支护技术、锚带喷架等联合支护技术[46]。

（4）锚喷－弧板支护理论。孙钧、郑雨天和朱效嘉教授等提出的锚喷－弧板支护理论是对联合支护理论的发展[47]。该理论的要点是：对软岩总是强调让压是不行的，让压到一定程度，要坚决顶住，即采用高标号、高强度的钢筋混凝土弧板作为联合支护理论先柔后刚的刚性支护形式，坚决限制和顶住围岩向中空位移。

（5）松动圈理论。松动圈理论是由中国矿业大学的董方庭教授提出的，其主要内容是：凡是坚硬围岩的裸体巷道，其围岩松动圈都接近零，此时巷道围岩的弹塑性变形虽然存在，但并不需要支护。松动圈越大，收敛变形越大，支护难度也就越大。因此，支护的目的在于防止围岩松动圈发展过程中的有害变形[48~52]。

（6）主次承载区支护理论。主次承载区支护理论是由方祖烈教授提出的[53]，该理论认为：巷道开挖后，将在围岩中形成拉压域，压缩域在围岩深部，体现了围岩的自承能力，是维护巷道稳定的主承载区。张拉域形成于巷道周围，通过支护加固，也会形成一定的承载力，但其与主承载区相比，只起辅助作用，故称为次承载区。主、次承载区的协调作用将决定巷道的最终稳定。支护对象为张拉域，支护结构与支护参数要根据主、次承载区相互作用过程中呈现的动态特征来确定，支护强度原则上要求一步到位。

（7）应力控制理论。应力控制理论也称为围岩弱化法、卸压法等。该方法起源于前苏联，其基本原理是通过一定的技术手段改变某些部分围岩的物理力学性质，改善围岩内的应力及能量分布，人为降低支承压力区围岩的承载能力，使支承压力向围岩深部转移，以此来提高巷道围岩的稳定[54]。

（8）软岩工程力学支护理论。软岩工程力学支护理论是由何满潮院士运用工程地质学和现代大变形力学相结合的方法，通过分析软岩的变形力学机制，提出的以转化复合型变形力学机制为核心的一种新的软岩巷道支护理论[55~58]。它涵盖了从软岩的定义、软岩的基本属性、软岩的连续性概化，到软岩变形力学机制的确定、软岩支护荷载的确定以及软岩非线性大变形力学设计方法等内容。

（9）关键承载层（圈）理论。煤炭科学研究总院开采研究所的康红普教授提出了关键承载层（圈）理论[59,60]。该理论认为，巷道的稳定性取决于承受较大切向应力的岩层或承载层（圈）。承载层（圈）的稳定与否就决定了巷道的稳定性，因此，该承载层（圈）为关键承载层（圈）。巷道支护的目的就在于维护关键承载层（圈）的稳定，只要关键承载层（圈）不发生破坏，保持稳定，则承载层（圈）以内的岩层将保持稳定。基于该理论，关键承载层（圈）具有以下性质：1）承载层（圈）厚度越大，分布越均匀，承载能力越大；2）承载层（圈）内应力分布越均匀，承载能力越大；3）在未支护前，关键承载层（圈）离巷道周边越近，巷道越容易维护。

1.2.2 深部软岩巷道支护技术研究现状与进展

对于深部软岩巷道的支护，英国、德国、法国、俄罗斯和波兰等国家直到 20 世纪 80 年代仍以金属支架为主，金属支架以其良好的支护效果，在浅部开采中得到了发展。随着采深的增大和赋存条件的复杂化，深部软岩巷道采用传统支护已不能控制其稳定性，需不断进行翻修处理，甚至报废，金属支架支护已不再适应煤矿深部开采的需要，后来，引进了美国、澳大利亚的锚杆支护技术。目前，西欧大多数国家各种不同类型的锚杆、组合锚杆、锚杆桁架及锚索支护约占支护总量的 90%；而比利时在软岩巷道支护中利用全断面掘进机掘进，并使用高强度弧板支护。大弧板支架的成本不到 U 型钢可缩性支架的一半，而其承载能力比后者高约 2 倍，但因施工中壁后充填缓冲层预留大变形层的施工工艺及设备的不配套，未能得到推广。美国、澳大利亚在近几十年的煤矿深部开采中，一直以锚杆、支架为主体进行联合支护。深部围岩一般采用锚网、组合锚杆（网）、高强超长锚杆（网）等支护形式；对于极不稳定围岩主要采用组合锚杆桁架、锚索支护、锚喷网与锚索联合支护等形式[61~63]。

我国自 20 世纪 80 年代以来，从支护材料、支护形式和支护工艺等方面着手对深部软岩巷道支护进行研究，发展并形成了锚喷支护、可缩性金属支架和高强混凝土弧板支架系列及锚杆、锚索和注浆等联合支护系列等软岩巷道支护体系。

深部软岩巷道的支护技术按支护 - 围岩相互作用关系与实质来看，可分为以下三个阶段[64,65]：

（1）通过提供外力的方式直接作用于巷道围岩表面。金属支架和砌碹等支护方式是这一阶段的主要代表，其主要特点是：它们都属于刚性支架，通过支架产生被动的径向约束力来平衡围岩的变形压力，减小围岩变形。可缩性支架则有利于实现让与支的平衡，对软岩的适应性有所提高，但随着采深的不断加大，需要控制围岩的大变形，支护费用虽大幅增加，但支护效果却得不到明显改善。大量的实践证明，单纯依靠增加支架刚度已经不能适应深部软岩巷道变形的要求。

（2）锚杆、锚索等联合支护。这种支护方式不仅能提供施加于巷道表面的力，而且能与巷道围岩在内部建立某种相互作用关系。常用的锚喷支护以不同的锚固长度直接作用于巷道周边一定范围内的岩体，约束锚杆体周围岩体的相对变形，而且常和围岩表面的喷射混凝土相结合，具有及时性、密贴性、封闭性和经济性的特点，被广泛采用。但受工程特点、锚固材料、施工等方面因素的影响，锚杆、锚索等联合支护方式在软岩巷道支护中应用时，其可靠性、安全性及支护效果仍不十分理想。

（3）锚注加固技术。锚注加固技术直接作用于巷道围岩结构，可从根本上改善围岩的性质，提高围岩的力学性能，改善围岩的应力分布状态[66~69]。通过浆液渗入岩体中，提高了弱面的抗变形能力，也提高了岩体整体抗变形刚度，增强了弱面连续性，改善了岩体内部的应力分布，降低了应力集中程度，增大了岩体强度。如果强化原支护结构体、加长锚杆的约束长度、强化锚固区岩性，则锚固力也将会得到提高，同时，对于表面破裂的岩体，锚固失效的现象也大大减少，还能改善围岩的赋存环境。锚注加固技术常用于较难维护的软岩巷道，通过注浆封闭弱面及裂隙，阻止水对岩体的水理作用和风化影响，从而确保软岩的承载能力。

我国煤矿深部软岩巷道的常用支护技术主要包括以下几个方面：

（1）锚喷支护。锚喷支护先后形成了单一的木锚杆、金属锚杆和砂浆锚杆支护，结合喷射混凝土支护并进行光面爆破，形成了锚喷支护技术。在原煤炭工业部大力倡导下，锚喷支护先后在淮南矿业集团、开滦矿业集团、阜新矿业集团、抚顺矿业集团、鹤壁矿业集团、大同矿业集团、新汶矿业集团等软岩巷道中得到了广泛应用，锚喷支护在工程实践中得到不断完善。锚喷支护与光面爆破的有机结合最大限度地保护了围岩的强度和整体性，充分发挥了围岩的自承能力。锚喷支护对浅部巷道具有明显的支护作用，但对于深部软岩巷道的非线性大变形的特性已不相适应。

（2）可缩性金属支架支护。可缩性金属支架广泛应用于铁法矿业集团、兖州矿业集团、徐州矿业集团、开滦矿业集团和平顶山矿业集团等矿区，主要采用矿用工字钢和 U 型钢支架进行支护。采用钢性支架提高了支护力，同时，支架的可缩性又适应了围岩的大变形特性，改善了巷道围岩的稳定性，降低了维护费用。但可缩性金属支架的支护成本过高，劳动强度较大，且没有配套的机械设备，从而使其与煤矿高产、高效发展的要求不相适应[70]。

（3）高强度弧板支架支护。在煤矿深部地层中，当存在断层及其他地质构造时，利用高强度弧板支架能有效控制围岩的大地压、大变形及流变引起的失稳。全断面封闭和密集连续式的高强钢筋混凝土板块结构巷道支架首先在淮南矿区得到成功应用，然后在东北大桥煤矿和广西右江矿业集团加以推广。高强度弧板支架支护的缺点是安装机械手不配套，壁后充填缓冲层预留大变形层的施工不配套，且不能适应软岩巷道的大变形特性。

（4）锚注加固支护技术。200 年前，法国土木工程师查理斯·贝里格尼在进行地基加固时首次采用了注浆技术。我国对注浆技术的研究和应用起步较晚，20 世纪 50 年代初，锚注加固技术才开始在矿山行业中应用。"八五"重大科技攻关课题提出了锚杆和注浆相结合的锚注一体化支护技术。锚注加固技术实用性强，应用范围广，目前已广泛应用于矿山、地下建筑、大坝、隧道、地铁、桥梁和土木工程等各个领域。锚注支护是一种新型的加固支护方法，在深部软岩巷道支护中能充分发挥和调动围岩的承载能力，为巷道稳定性控制提供良好的围岩环境，是深部软岩巷道支护的一种重要技术。20 世纪 80 年代以来，以支护为目的的巷道围岩注浆技术在苏联、德国等地开始研究并推行，我国同期也在深部复杂和不良岩体的巷道工程中采用注浆技术。典型的实例有：金川镍矿用注浆法后取得了良好的支护效果，山东龙口矿区采用注浆加固与锚喷支护或锚喷架联合支护治理深部软岩巷道取得实效，徐州旗山矿采用锚注支护技术维护巷道取得成功，抚顺矿区采用卸压加固注浆取得成功，徐州矿业集团的朱仙庄煤矿和芦岭煤矿在新掘巷道、修复岩巷和煤巷中应用注浆加固技术控制围岩变形取得了明显效果[71~74]。

随着全球煤矿支护技术交流的加强，国际间的合作不断扩大，逐渐形成了适应深部软岩巷道高地压、大变形、难支护等特点的综合控制技术[75~77]。从开始进行软岩巷道支护研究到现在，软岩巷道支护形式多种多样，发展了多次支护、联合支护，并形成了不同系列的支护技术，如锚喷、锚网喷、锚喷网架等系列技术，钢架支护系列技术，钢筋混凝土支护系列技术，料石碹支护系列技术，注浆加固系列技术和预应力锚索支护系列技术等。我国深部软岩综合支护技术体系可概括为：综合治理、联合支护、长期监控、因地制宜。

1.3　现有研究存在的主要问题

近几十年来，国内外学者对深部复杂软岩巷道的稳定性控制问题进行了广泛深入的研究，且取得了很大的进展，提出了各种分析理论、设计方法和计算模型，发展和改进了各种施工、检测和实验方法，切实有效地指导了工程实践，但由于深部软岩巷道稳定性分析与控制问题的复杂性，现有的认识仍不能满足现代工程的需要，在理论认识和支护方法上还存在许多问题，主要表现为：

（1）对各种深部软岩巷道围岩的变形破坏机理认识不足。不同矿区深部软岩巷道的埋深、地应力特征、工程地质条件、水文条件、围岩岩性、巷道断面形状与尺寸、掘进施工方法、支护措施等各不相同，因此，不同地区的深部软岩巷道的变形破坏机理也大相径庭。巷道支护是一个过程支护，要使这一过程与围岩的变形过程相协调，必须针对特定的巷道充分而深入地研究其围岩的变形破坏机理，只有在此基础上，才能选择合理而有效的软岩巷道的支护形式，并确定与之相匹配的合理支护参数。

（2）深部复杂软岩巷道的支护对策研究尚不完善。深部高应力软弱复杂围岩巷道与一般软岩巷道的变形破坏特点不同，具有自稳时间短、来压快、变形速度大、持续时间长、变形总量大、易膨胀和流变、底臌严重等特点，且不同矿区的差异性较大，因此，必须对其加强研究，确定适应于深部高应力软岩巷道围岩的合理支护对策。

（3）深部复杂软岩巷道支护参数的确定方法缺乏科学性和有效性。支护参数选择是影响深部软岩巷道稳定性的一个非常重要的因素，以往对支护参数的选取基本上采用工程类比法。工程类比的根据是系统的、可靠的基础资料，主要包括围岩的地质、水文、围岩性质、条件类似的相邻矿井巷道的支护参数与围岩变形的有关资料等，在对这些资料分析的基础上进行类比方案的设计。对于工程地质条件简单的浅部巷道，此法基本满足要求。但当地质条件复杂时，工程类比是远不能满足工程要求的。再加上目前高应力软岩巷道支护成功的典型实例比较少，因此，复杂条件下深部软岩巷道支护参数的确定很难进行工程类比。

1.4　本书主要内容

围绕深部软岩巷道围岩稳定性控制研究中存在的主要问题，本书结合某煤矿 –700m 水平中央变电所、中央水泵房、回风石门、轨道石门和皮带石门等具有代表性的复杂软岩巷道的实际工程地质条件，在软岩巷道的变形破坏特征、变形破坏机理、围岩稳定性控制技术等方面进行了较全面的研究，研究内容主要包括以下几个方面：

（1）深部软岩巷道围岩的变形破坏特征分析。在对复杂条件下深部软岩巷道的工程地质条件、水文条件、围岩岩性、采掘关系、支护方式和支护参数等进行全面分析的基础上，分别对各软岩巷道围岩的变形破坏情况进行了分析归纳，然后，结合国内外关于深部软岩巷道的研究成果，分别研究了软岩的工程力学特性、深部软岩巷道的工程特点以及深部复杂软岩巷道的变形破坏特征。

（2）深部软岩巷道的地应力实测分析。原岩应力是影响软岩巷道围岩稳定的根本力源。采用钻孔套芯应力解除法分别在两个测点对深部软岩巷道的原岩应力进行了实测，实测结果对软岩巷道的布置方式、围岩稳定性分析、支护对策确定等具有十分有效的指导作用。

（3）深部软岩巷道围岩岩性物相分析。为了探明井下巷道和硐室围岩的岩性，分别在某煤矿–700m水平中央变电所、回风石门和皮带石门采取岩样，利用D8 ADVANCE型X射线衍射仪对岩样成分进行物相分析，从而为巷道支护机理和支护方案的确定奠定了基础。

（4）深部软岩巷道围岩变形破坏机理分析。在对深部软岩巷道围岩进行变形破坏特征分析、地应力实测分析和岩性分析等的基础上，分别从岩石强度、岩石流变、埋深、水的影响、岩石矿物成分的影响、上覆岩层的影响、构造应力和施工因素等方面对深部软岩巷道围岩的变形破坏机理进行了研究，研究成果为支护方案的确定提供了理论支持。

（5）深部软岩巷道围岩松动圈实测分析。利用地质雷达分别对深部软岩巷道顶板和两帮的松动破坏范围进行了实测，得到了软岩巷道围岩塑性破坏区的发育形态和范围，从而为支护参数的确定提供了依据。

（6）深部软岩巷道围岩的稳定性控制技术。基于以上对深部软岩巷道围岩变形特征与破坏机理的研究成果，分别采用"三锚"联合支护技术、"长短锚"联合支护技术以及抗让结合的支护理念，分别对各深部软岩巷道围岩进行了支护方案和支护参数的确定。

（7）深部软岩巷道围岩稳定性控制数值模拟分析。为了验证所确定的巷道支护方案与支护参数的合理性和有效性，采用 FLAC^{3D} 数值分析软件对某煤矿 −700m 水平中央变电所和皮带石门的稳定性控制技术方案进行了数值模拟计算与对比分析，得到了加固支护前、后巷道围岩的收敛变形情况、围岩塑性破坏区的发育形态、锚杆和锚索的受力情况以及巷道围岩的应力分布情况。

（8）深部软岩巷道围岩稳定性控制效果分析。为了验证研究确定的深部软岩巷道支护方案和支护参数的合理性和有效性，分别进行了巷道表面收敛变形监测、锚杆和锚索受力监测、顶板离层监测和围岩稳定情况分析，监测数据和分析结果表明，研究确定的深部软岩巷道围岩稳定性控制方案是切实有效的，可以保证深部软岩巷道围岩的长期稳定。

2 深部软岩巷道围岩变形破坏特征分析

大量研究表明，复杂条件下深部软岩巷道围岩的变形破坏特征具有显著的地区差异性，甚至相邻矿井的巷道变形特征也不尽相同，因此，必须针对某一具体的矿井巷道分析其在特定的力源和岩性条件下的变形破坏特征[78~80]。本章以某煤矿的深井软岩巷道为研究对象，全面分析该矿 −700m 水平中央变电所、中央水泵房、皮带石门、回风石门和轨道石门等复杂条件下软岩巷道的变形破坏特征。

2.1 工程概况

2.1.1 矿井概况

待研究的煤矿采用立井开拓方式，井田范围：东起 F1 断层，西至太原组 17 煤层露头；南起 F3 断层，北至汶泗支断层，东北角为 F2 断层。东西宽 2.2~6.7km，南北长 10.5km，面积 41km²。本区地理位置优越，交通运输方便，矿井具备铁路、公路和通航河流三种运输条件。

井田内地势平坦，为黄河冲积平原，井田西北角有一条北东向湖坝，将本区分为泄洪区和陆地，泄洪区面积为 3.5km²，陆地面积为 37.5km²。井田内地表水系不发育，中部有一条北东向季节性河流，水量受大气降水影响。

本区为全隐蔽式华北型石炭二叠系含煤区，地层由新到老为：第四系；二迭系上统上石盒子组、二迭系下统下石盒子组和山西组；石炭系上统太原组、石炭系中统本溪组及奥陶系。

本井田由于受多期构造运动的影响，褶皱和断裂展布具有多样性和切割的复杂性。构造复杂因素以断裂为主，次级褶皱在北部也较发育，地层走向以 NE 为主，倾向 SE，倾角 11°~25°，局部 50°。

本井田含煤地层为二迭系下统山西组及石炭系上统太原组，含煤地层总平均厚257.00m。共含煤18层，煤层总平均厚18.62m。本井田内主要可采煤层为3煤层、16煤层和17煤层，局部可采煤层为2煤层和$15_{下}$煤层。本井田山西组3煤层和太原组16煤层、17煤层均为高等陆生植物生成的腐植煤类，全井田煤种主要以气煤为主，局部块段为1/3焦煤，为煤质变化简单区。3煤层属低灰、特低硫、低磷、高热值~特高热值煤，16煤层和17煤层属低灰、特低硫、高热值~特高热值煤。

3煤层顶板为泥岩或粉砂岩，上覆细砂岩或中砂岩老顶；底板主要为泥岩和粉砂岩。16煤层顶板为$10_{下}$灰岩；底板为泥岩或粉砂岩。17煤层顶板为11灰岩或粉砂岩；底板为粉砂岩或泥岩。

主采煤层3煤层的顶板砂岩厚度大、坚硬、致密、胶结好，属坚硬岩类。以强度作为主要指标划分，3煤层顶板属中等稳定顶板。3煤层底板以下0~28.66m范围内，岩石强度类型总体为中硬~坚硬型，以坚硬型为主。3煤层直接底板为粉砂岩和泥岩，岩石饱和垂直抗压强度一般为18.7~62.6MPa，平均为39.5MPa，普通底板，中等稳定为主。但在伪底分布区，因裂隙发育，岩石力学强度降低，岩体完整性较差，遇水可能发生泥化或崩解破裂，为不稳定岩层。该井田工程地质条件中等。

该矿井设计生产能力为240万吨/年，矿井服务年限为45.7a，采用立井开拓方式。-700m水平是该煤矿的第一开采水平，也是目前正在生产的水平，该水平井底车场是矿井生产的核心，布置了大量纵横交错、功能各异的巷道与硐室，主要包括中央变电所、中央水泵房、皮带石门、回风石门和轨道石门等，除此之外，还有很多不同层位、不同断面、不同时期的巷道与其相连。在地质条件、水文条件、地应力、围岩岩性、施工工艺等多方面因素的影响下，该煤矿-700m水平很多重要的巷道与硐室均发生了不同程度的变形和破坏，且-700m水平中央变电所、中央水泵房、皮带石门、回风石门和轨道石门的变形破坏情况最为严重。

2.1.2 巷道概况

2.1.2.1 −700m 水平中央变电所工程概况

中央变电所的断面为直墙半圆拱形，巷道的宽度为4200mm，墙高1500mm，拱半径为2100mm，原支护结构如图2−1所示。

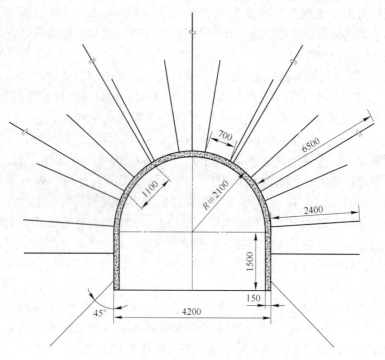

图2−1 −700m 水平中央变电所原支护结构图

中央变电所原支护采用锚−网−索−喷联合支护方式，锚杆采用单向左旋无纵筋螺纹钢锚杆，规格为 φ22mm × 2400mm，间排距为700mm × 700mm，采用1卷中速2350型和1卷快速2350型树脂锚固剂端头锚固，锚固长度不少于800mm，锚固力大于80kN，预紧力不低于40kN。在巷道断面的两底角处均设置底角锚杆，底角锚杆的角度为45°，排距为700mm。金属网采用6号或8号铁丝编织的经纬网，规格为1500mm × 2500mm，网格为50mm × 50mm，网与网的搭接长度不少于50mm，搭接处采用6号铁丝绑扎，绑扎点间隔不超过150mm。喷层采用C20混凝土，喷层厚度约为150mm。为增大拱顶支护强度，在拱顶布置5根锚索，锚索采用$\phi17.8\text{mm} \times 6500\text{mm}$的钢绞线制作，锚索排距为2100mm。

2.1.2.2 −700m 水平中央水泵房工程概况

中央水泵房的断面也为直墙半圆拱形，巷道的宽度为5200mm，墙高3200mm，拱半径为2600mm，原支护结构如图2−2所示。

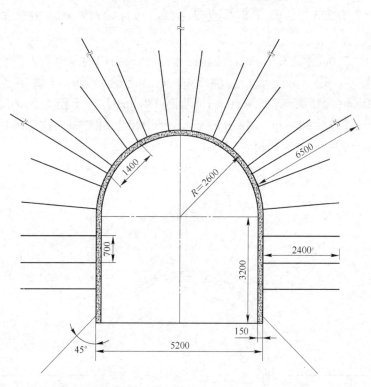

图2−2　−700m 水平中央水泵房原支护结构图

中央水泵房原支护方式与中央变电所相似，即采用锚−网−索−喷联合支护方式。锚杆采用单向左旋无纵筋螺纹钢锚杆，规格为$\phi22\text{mm} \times 2400\text{mm}$，间排距为700mm×700mm，采用1卷中速2350型和1卷快速2350型树脂锚固剂端头锚固，锚固长度不少于800mm，锚固力大于80kN，预紧力不低于40kN。在巷道断面的两底角处均设置底角锚杆，底角锚杆的角度为45°，排距为700mm。金属网采用6号或8号铁丝编织的经纬网，规格为1500mm×2500mm，网格为50mm×50mm，网与网的搭接长度不少于50mm，搭接处采用6号铁丝绑扎，绑扎点间隔不超过150mm。喷层采用C20混凝土，喷层厚度约为150mm。为增大拱顶支护强度，在拱顶布置5根锚索，锚索采用φ17.8mm×6500mm的钢绞线制作，锚索排距为2100mm。

2.1.2.3　-700m水平皮带石门、回风石门和轨道石门工程概况

-700m水平皮带石门、回风石门和轨道石门的断面均为直墙半圆拱形。其中，皮带石门宽3600mm，墙高1400mm，拱半径为1800mm；回风石门宽4600mm，墙高1800mm，拱半径为2300mm；轨道石门宽4800mm，墙高1700mm，拱半径为2400mm。这三条巷道的原支护结构分别如图2-3～图2-5所示。

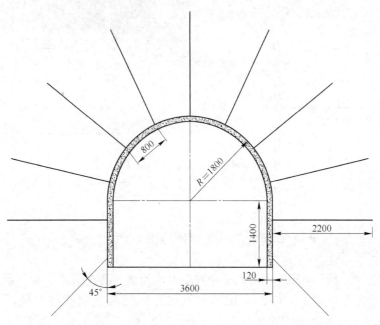

图2-3　-700m水平皮带石门原支护结构图

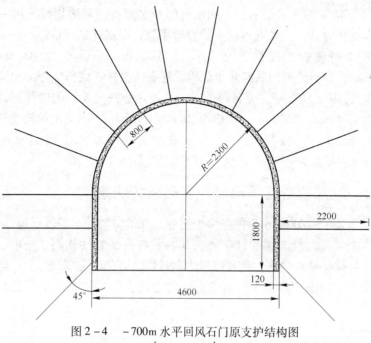

图 2-4   -700m 水平回风石门原支护结构图

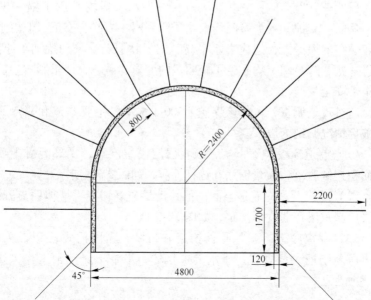

图 2-5   -700m 水平轨道石门原支护结构图

－700m 水平皮带石门、回风石门和轨道石门均采用锚－网－喷联合支护方式。三条巷道的支护参数相似，即锚杆采用单向左旋无纵筋螺纹钢锚杆，规格为 ϕ20mm × 2200mm，间排距为 800mm × 800mm，在巷道断面的两底角处均设置底角锚杆，底角锚杆的角度为45°，排距为 800mm。金属网采用 6 号或 8 号铁丝编织的经纬网，规格为 1500mm × 2500mm，网格为 100mm × 100mm，网与网的搭接长度不少于 50mm，搭接处采用 6 号铁丝绑扎，绑扎点间隔不超过150mm。喷层采用 C20 混凝土，喷层厚度约为 120mm。

2.2 深部软岩巷道围岩的变形破坏现象

该煤矿－700m 水平的很多大型巷道和硐室均处于极软弱地层中，围岩中含有大量的膨胀性矿物，其主要特征是岩性软弱、松散、破碎，且软化现象显著，使得围岩力学特性显著降低和弱化，并伴随碎胀变形和膨胀变形，无法实施有效的主动支护等加强支护措施，不能形成稳定可靠的主动支护结构，从而加剧了巷道围岩的变形破坏。

虽然－700m 水平中央变电所、中央水泵房均采用了锚－网－索－喷联合支护，各类石门均采用了锚－网－喷联合支护，但由于巷道和硐室的埋深大，地应力水平高，围岩软弱、受采动扰动等原因，使得这些巷道与硐室均发生了较明显的变形和破坏，严重影响了矿井的正常安全生产。

通过现场调查，可将该煤矿－700m 水平各主要巷道和硐室的变形破坏情况归纳为以下三类：

（1）巷道顶板显著下沉，顶板岩层离层严重，拱部混凝土喷层大面积连续脱落，大量钢筋和锚杆外露，如图 2－6 所示。

（2）巷道两帮向巷道空间内的移动量显著增加，墙体明显开裂，水泵房起重梁弯曲变形严重，如图 2－7 所示。

（3）巷道底臌严重，底板抬起并折断，密闭门无法正常关闭，变电所高压柜大量倾斜，排水沟被挤坏，水泵不能正常工作，如图2－8 所示。

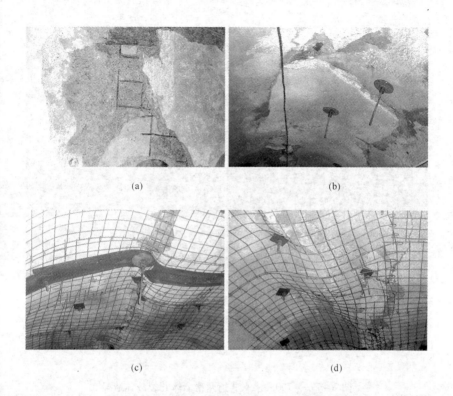

图 2-6 -700m 水平巷道顶板变形破坏情况

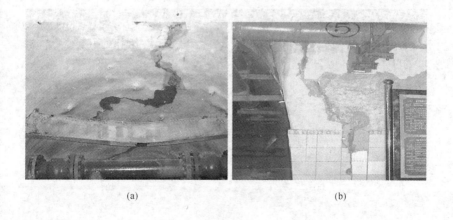

(c)　　　　　　　　　　　　　　　　(d)

图 2 - 7　 - 700m 水平巷道两帮墙体开裂破坏情况

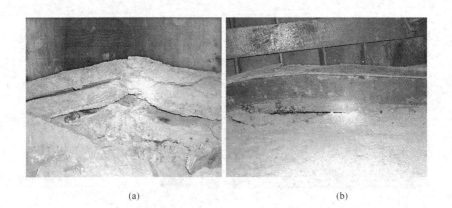

(a)　　　　　　　　　　　　　　　　(b)

(c)　　　　　　　　　　　　(d)

图 2 - 8　　-700m 水平巷道底板变形破坏情况

2.3　深部软岩巷道围岩的变形破坏特征

通过对该煤矿 -700m 水平各软岩巷道进行围岩岩性分析和变形破坏情况分析，同时，结合国内外关于复杂条件下深部软岩巷道的研究成果，分别将软岩的工程力学特性、深部软岩巷道的工程特点以及深部复杂软岩巷道的变形破坏特征总结如下。

2.3.1　软岩的工程力学特性

由于软岩中含有的大量泥质成分、结构面和岩粒内聚力控制了软岩的工程力学特性，因此，软岩会产生显著的塑性变形。一般来说，软岩具有可塑性、膨胀性、崩解性、分散性、流变性等工程力学特性。

可塑性是指软岩在外力的作用下产生变形，但去掉外力之后这种变形不能完全恢复的性质。

膨胀性是指软岩在外力的作用下或在水的作用下体积增大的现象。

崩解性也是软岩的重要力学特性，且低强度软岩、高应力软岩和节理化软岩的崩解机理是不同的。低强度软岩的崩解性是软岩中的黏土矿物集合体在与水作用时膨胀应力不均匀分布造成崩裂的现象；高应力软岩和节理化软岩的崩解性则主要表现为在高应力的作用下，由于裂隙发育的不均匀造成局部张应力集中引起的向空间崩裂、片帮的现象。当然，高应力软岩也存在遇水崩解的现象，但不是控制性因素。

流变性又称黏性，是指物体受力变形过程与时间有关的变形性质。软岩的流变性包括弹性后效、流动、结构面的闭合和滑移变形。流动又可分为黏性流动和塑性流动。弹性后效是一种延迟发生的弹性变形和弹性恢复，外力卸除后最终不留下永久变形。流动是一种随时间延续而发生的塑性变形，其中黏性流动是指在微小外力作用下发生的塑性变形，塑性变形是指外力达到屈服极限值后才开始发生的变形。闭合和滑移是岩体中结构面的压缩变形和结构面间的错动。

易扰动性是指由于软岩软弱、裂隙发育、吸水膨胀、内聚力弱等特性导致的软岩抗外界环境扰动能力极差的特性，其对卸荷松动、施工振动等极为敏感，而且具有暴露风化、吸湿膨胀软化的特点。

2.3.2 深部软岩巷道的工程特点

大量理论研究表明，复杂条件下深部软岩巷道具有以下工程特点：

（1）围岩软，强度低。煤作为一种沉积矿产，与沉积岩共生，由于受沉积规律的控制，煤层顶、底板往往是泥质岩，其强度一般较低。

（2）膨胀性。煤矿软岩成分中一般含有大量的膨胀性矿物，岩石强度低，易风干脱水而产生塑性流变，且遇水变形、崩解和膨胀。

（3）埋深大，应力水平高。我国煤矿的开采深度多在 500～600m，超过 1000m 的矿井越来越多。有些矿井在浅部开采时软岩问题并不严重，但是到了深部以后，在高应力的作用下，软岩的大变形、大流变和难支护的特点就显得尤为突出。

（4）无可选择性。由于煤系地层的赋存条件、沉积环境以及地质构造应力等的影响，煤矿软岩问题是不可避免的。

（5）受动荷载作用。由于受到施工扰动、爆破震动、煤层开采等动荷载的作用以及相邻巷道施工和支护的影响，巷道围岩的受力状况进一步恶化，加大了支护难度。

（6）时限性。煤矿不同用途的巷道与硐室，其服务年限各不相同。对于开拓巷道，如中央变电所、中央水泵房等，将服务于整个矿井，其服务年限可达几十年；采区上、下山等巷道服务于整个采区，服务年限一般为十几年；对于工作面顺槽，它只服务于该采煤面，服务年限一般为一年左右。因此，煤矿软岩巷道具有明显的时限性。

2.3.3 深部软岩巷道围岩的变形特点

在对该煤矿 – 700m 水平软岩巷道的变形破坏特征全面分析的基础上，总结出了深部复杂软岩巷道的变形破坏特征[81~83]，分别如下所列：

（1）巷道围岩的自稳时间短，来压快。所谓自稳时间，就是在没有支护的情况下，巷道围岩从暴露到开始失稳的时间。软岩巷道的自稳时间仅为几十分钟到几个小时，巷道来压快，要立即支护或超前支护，方能保证巷道围岩不致冒落。

（2）巷道围岩的变形量大，变形速度快，持续时间长。一般来说，巷道掘进后的第 1~2 天，变形速度至少为 5~10mm/d，多者可达 50~100mm/d。在支护良好的情况下，巷道围岩变形总量平均可达到 60~100mm，如支护不当，围岩变形量将会很大，达 300~1000mm，甚至更多。变形持续时间一般为 25~60d，有的长达半年以上仍不稳定。

（3）巷道围岩多为四周受压，且呈非对称特性，巷道底臌严重。深部复杂软岩巷道多为四周来压，且呈非对称特性，巷道开挖后不久顶板就会发生变形且易冒落，底板也将产生严重底臌。如巷道支护过程中对底板不加控制，则往往会出现强烈的底臌，并引发两帮移近和帮底踢脚，顶板塌落，从而导致巷道失稳破坏。

（4）普通的刚性支护普遍破坏。深部软岩巷道的变形量大，且持续时间长，普通刚性支护所要承受的变形压力很大，施工后不久便被压坏，必须经再次或多次翻修后巷道才能使用，这是刚性支护不适应深部高应力松软复杂围岩巷道变形破坏规律的必然结果，因此，有必要对其采用适当的柔性支护措施。

（5）围岩变形具有时效性和空间性。时效性表现为巷道掘出后围岩变形速度较大，且随时间增加，变形速度递减，但围岩仍以较大的速度继续变形，且持续时间很长，在此期间，如不采取有效的支护措施，当变形量超过支护结构的允许变形量时，支护结构承载能力就会下降，围岩变形速度加剧，最终导致巷道失稳破坏。

围岩变形的空间性表现在巷道围岩变形随掘进工作面的推移而变化，大部分变形发生在掘进工作面后方 2～3 倍巷道宽度内。

（6）围岩变形具有流变性。由于深部围岩在高应力作用下具有流变的特征，所以巷道变形速度将维持在一定水平且长时间处于流变状态。

3 深部软岩巷道地应力实测分析

3.1 地应力实测概述

对于矿山开采而言，地应力（原岩应力）是引起巷道围岩应力重分布、变形、破坏和产生矿井动力现象的根本作用力。在诸多影响采矿工程稳定性的因素中，地应力是最主要和最根本的因素之一，准确的地应力资料是确定工程岩体力学属性、进行巷道围岩稳定性分析和计算、开展矿井动力现象区域预测、实现采矿决策和设计科学化的必要前提条件[84~86]。

为了对矿井进行合理的开采设计和施工，首先应对影响矿井开采稳定性的各种因素进行充分的调查和分析，只有这样，才能作出技术合理、施工安全和经济效益好的工程设计和施工方案[87]。对矿山设计而言，只有掌握了工程区域的地应力条件，才能合理确定矿井总体布置和选取适当的采矿方法、确定巷道的最佳断面形状、巷道位置、支护形式、支护结构、支护参数和支护时间等，从而在保证巷道围岩稳定的前提下，最大限度地增加矿井产量，提高矿井的经济效益。

在采深较大的矿井开采时，要根据工程所处的不同构造部位和工程地质条件，掌握矿井所处的地应力状态、类型和作用特征，才能采取合理有效的预防矿井动力现象的技术措施，进而合理确定采场布局和回采顺序，这对于保证巷道的相对稳定和生产的安全都具有重要意义[88~90]。

在以前的采矿工程设计和施工中，很少考虑地应力的影响，当采矿活动在较小规模范围内或地表浅部进行的时候，这种方法还是可行的[91]。但是随着采矿规模的不断扩大和不断向深部发展，地应力的影响会越来越严重，不考虑地应力的影响进行设计和施工，往往会造成地下巷道和采场的坍塌破坏、冲击地压等矿井动力现象的发生，使矿井生产无法进行，并经常引起严重的矿井事故。

该煤矿 – 700m 水平巷道与硐室四周开裂、变形，巷道底臌明显，巷道两帮、顶底板收敛剧烈，先前施工完成的硐室和巷道已完全丧失安全生产功能，破坏严重。该煤矿随着回采工作面的布置，掘进深度将不断增加，巷道支护难度也将不断增大，深部地压的影响愈来愈明显。因此，掌握矿区深部地应力的分布状况，对深部开采与支护具有重大意义。

本次地应力实测采用钻孔套芯应力解除法进行，现场实测时共布置两个原岩应力测点。

3.2　地应力实测方法

3.2.1　地应力实测方法选择

地应力通常称为原岩应力，是指岩土体内一点固有的应力状态。单就采矿工程而言，地应力的大小和方向对井巷断面形状优化、巷道方位合理选择以及井巷支护方案和支护参数确定等都是最主要的依据之一。自 20 世纪五六十年代以来，地应力测量得到大力发展，测量的方法有一二十种，测量仪器达上百种，其中，具有代表性且比较成熟的五种方法被国际岩石力学学会（ISRM）试验专业委员会于 1987年通过规范规定为《岩石应力测定的建议方法》，它们是千斤顶法、孔径变形法、水压致裂法、孔壁应变法和空心包体应变法，后两种方法都可以在钻孔中一次测得六个应力分量，属三维应力测量方法[92,93]。

本研究采用的测量方法是空心包体类三维应力测量方法[94]。该方法使用的应变计为 YH3B – 3 型环氧树脂三轴应变计。这种以环氧树脂为基质的空心包体应变计最突出的优点是安装十分简便、快速，且成功率和可靠性高。由于环氧树脂具有防潮、防水的突出优点，再加上它的弹性好、模量低、变形量大，可将岩石的变形放大若干倍，从而提高了测量的灵敏度和精确度，应用效果好，现已发展成为一种成熟的三维应力测量方法。

这种应变计是在预制的空心环氧树脂外圆柱表面上粘贴 3 组应变

片传感器，共 9 个电阻应变片，再在其外面模壳上浇注一层环氧树脂，形成应变片和导线处于良好绝缘状态的空心包体。YH3B－3 型环氧树脂三轴应变计的主要技术参数如下：

内径：30.5mm±0.1mm；应变片位置直径：32.5mm±0.1mm；

外径：34.5mm±0.1mm；有效长度：>200mm；

总长度：415mm；

弹性模量：2600～3200MPa（按温度取值）；

泊松比：0.4～0.42（按温度取值）。

3.2.2　地应力实测原理

一般情况下，地应力的六个应力分量是非零的，处于相对静止的平衡状态，无法直接得知，因此，任何一种实测方法都需要通过扰动（通用的做法是打钻孔），打破原有平衡状态。在从一种平衡状态转变到另一种新的平衡状态的过程中，通过对应力效应的间接测量来实现原岩应力实测。力或应力最直观的效应是产生应变和位移，因此，可以通过应变或位移传感器将应变和位移的变化传递给二次仪表（例如数据采集装置），从而获得测量数据。由实测到的应变或位移，根据应力－应变关系、力学模型理论等力学基本原理，计算出地应力的六个分量或者三个主应力的大小和方向。由此可见，地应力实测的是应变或位移，只要具备精巧、完备和先进的测量仪器和测试技术，就可保证应变或位移的精确获得。原岩应力结果的准确获得不仅要靠实测数据（应变或位移）的可靠，还要依赖于力学模型及其由此推演的地应力分量解算公式的正确性，因为地应力最终是将应变或位移转换为应力计算出来的。

应力解除法的基本原理是，当一块岩石从受力作用的岩体中取出后，由于岩石具有弹性，会发生膨胀变形，其变形情况和它原先的受力情况具有某种规律性的关系，测量出应力解除后此岩石的三维膨胀变形，并通过现场确定的弹性模量，由线性胡克定律即可计算出应力解除前岩体中应力的大小和方向。具体讲，这一方法就是在岩石中先打一个测量钻孔，将应力传感器安装在测孔中并观测读数，然后在测量孔外同心套钻并钻取岩芯，使岩芯与围岩脱离，岩芯上的应力因解除而恢复，根据应力解除前后仪器所测得的差值，即可计算出应力的大小和方向。应力解除法的基本原理如图 3 - 1 所示。

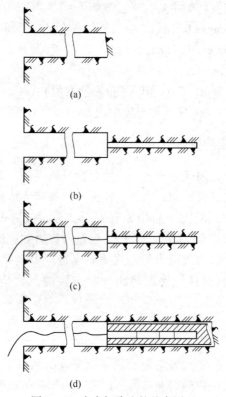

图 3 - 1 应力解除法的基本原理
(a) 待测点；(b) 打小孔；(c) 安装应变计；(d) 应力解除

测试过程采用 KDJY - 2 型便携式防爆电阻应变仪进行解除过程的数据记录。根据应变计的固有参数，可建立与之相适应的数学、力学模型，并可编制相应的地应力计算软件，从而计算出地应力的大小和方向[95]。

3.2.3 应力解除法实测过程

首先，在岩体中施工一定深度（扰动区以外）的钻孔，将应力传感器牢固地安装在钻孔中，然后打钻，套取岩芯，实施应力解除，并在解除的过程中测量由于应力释放而产生的应变。

原岩应力测量一般在煤矿井下的巷道中进行，应力钻孔通常是在巷道内以一定的仰角向巷道顶板岩体中施工，在完整岩体中安装应变传感器并进行应变测量。钻孔施工如图3-2所示。

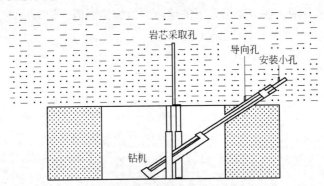

图3-2 应力钻孔施工示意图

在选定的地应力测量点施工导孔及安装孔，并在岩芯完整位置安装应变计，然后，用金刚石岩芯筒将内部黏结有应变计的圆柱状岩芯取出，取芯过程中，岩体的应变则由应变计测量出来。

应力解除法原岩应力测试可分为以下九个步骤：

（1）明确应力解除法原岩应力实测的工程目的；

（2）测试位置的选择；

（3）测试地点及设备的准备；

（4）评估适合进行应力解除测量的层位；

（5）钻取导孔；

（6）安装应变计；

（7）取芯，应力解除；

（8）三维应力计算；

（9）得出结果。

3.2.4 地应力大小和方向确定

设地下某一点的地应力分量为 σ_X，σ_Y，σ_Z，τ_{XY}，τ_{YZ}，τ_{ZX}，记

为 $(\boldsymbol{\sigma})_{XYZ}$，三个主应力大小为 σ_1，σ_2，σ_3，与大地坐标 XYZ 的关系用 9 个方向余弦值或 9 个夹角值可以完全确定，但在地应力实测中，钻孔与岩层一般总会呈某一角度（仰角或俯角）、与大地坐标呈一定的方位角，如图 3－3 所示。xyz 为钻孔坐标系，z 轴与钻孔轴线重合，x 轴为水平轴。在该坐标系下的地应力值为实测值，记为

$$(\boldsymbol{\sigma})_{xyz} = (\sigma_x, \sigma_y, \sigma_z, \tau_{xy}, \tau_{yz}, \tau_{zx}) \qquad (3-1)$$

式中，$\sigma_x \sim \tau_{zx}$ 表示地应力的 6 个应力分量。

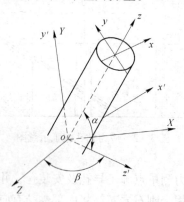

图 3－3　钻孔倾角与方位角

由此，只要能够从钻孔应力解除过程中实测得到 $(\boldsymbol{\sigma})_{xyz}$ 的全部分量，通过两次坐标变换就可求得 $(\boldsymbol{\sigma})_{XYZ}$ 的最终结果，并由此得到主应力的大小和方向。

这里，设立了一个过渡坐标系 $x'y'z'$，首先将 $(\boldsymbol{\sigma})_{xyz}$ 转换为 $(\boldsymbol{\sigma})_{x'y'z'}$，其坐标旋转为钻孔倾角 α，其关系为

$$(\boldsymbol{\sigma})_{x'y'z'} = (\boldsymbol{T}_\alpha)(\boldsymbol{\sigma})'_{xyz} \qquad (3-2)$$

式中，$(\boldsymbol{\sigma})'_{xyz} = (\sigma'_x, \sigma'_y, \sigma'_z, \tau'_{xy}, \tau'_{xz}, \tau'_{yz})$ 为 $(\boldsymbol{\sigma})_{xyz}$ 的转换矩阵；$(\boldsymbol{T}_\alpha)$ 为 6×6 应力转换矩阵。

同样，再将 $x'y'z'$ 过渡坐标系下的地应力分量旋转一个钻孔方位角 β，即可得到最终结果

$$(\boldsymbol{\sigma})_{XYZ} = (\boldsymbol{T}_\beta)(\boldsymbol{\sigma})_{x'y'z'} \qquad (3-3)$$

式中，$(\boldsymbol{T}_\beta)$ 为 6×6 应力转换矩阵，其分量由 $x'y'z'$ 坐标系关于 XYZ

坐标系旋转 β 角的各个方向余弦值组合而成。

以上所述的是由钻孔应力测量结果的应力分量最终表示为大地坐标系下的地应力分量的转换过程,即由 $(\boldsymbol{\sigma})_{xyz} \rightarrow (\boldsymbol{\sigma})_{x'y'z'} \rightarrow (\boldsymbol{\sigma})_{XYZ}$ 的过程。无论何种坐标系下都可以根据应力分量获得主应力的大小 $(\sigma_1, \sigma_2, \sigma_3)$,且只有唯一确定的解。通常 $(\sigma_1, \sigma_2, \sigma_3)$ 对于大地坐标系 XYZ 的方向余弦值(即沿某方向的应力分量)在工程上更具有应用价值。

3.2.5 环氧树脂三轴应变计测量

环氧树脂三轴应变计地应力测量属于空心包体法。由于空心包体有一定的厚度,它对岩石变形影响不大。但在岩石变形带动下环氧树脂包体的变形往往都较大,一般不容忽视。因此,这种方法的力学模型应考虑为两种弹性体在完全黏结条件下相互作用的地应力测量问题,应力解除时空心包体内记录的应变符号与原始地应力作用在岩芯上的应变方向相反,但其大小比岩芯上诱发的应变要大得多,正如前所述,这是该法的优点之一。

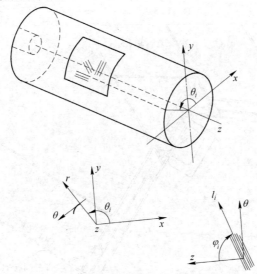

图 3 – 4　三轴应变计示意图

环氧树脂三轴应变计如图 3 - 4 所示，环氧树脂圆筒的内外圆柱面略画，仅绘出其中间部分贴有应变花的柱面，应变花的位置用 $\theta_i(i=1, 2, 3)$ 表示；应变花中的每个应变片以 $\varphi_i(i=1, 2, 3)$ 表示，这样 YH3B - 3 型应变计可在应力解除时测得 9 个应变值。

3.3   地应力实测结果分析

3.3.1   地应力实测工作概况

该煤矿原岩应力现场测量工作历时 16 天，共完成了 2 个测点的原岩应力实测工作。采用钻孔套芯应力解除法进行应力测量，并对应力解除数据、现场测试参数及其他有关资料进行了计算和分析。

3.3.2   地应力测点布置

在该煤矿 - 700m 水平选择了两个测点进行地应力实测，第一个测点（编号为 YC - 1）位于 1305 轨道顺槽绞车房前部，第二个测点（YC - 2）位于 3301 皮带顺槽躲避硐内。地应力测点布置如图 3 - 5 所示。

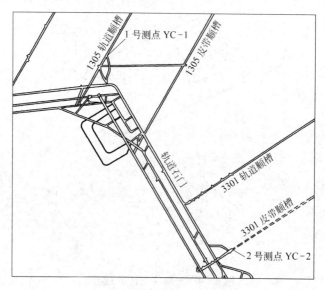

图 3 - 5   地应力测点布置图

3.3.3 地应力实测结果

3.3.3.1 YC-1测点的原岩应力实测结果

首先施工地应力测量导孔，导孔的直径为110mm，在导孔孔底使用变径钻头施工变径孔后，再钻出一个同心的直径为38mm的安装小孔，该孔的深度为0.38m，取出的岩芯岩性为灰色粉砂岩，如图3-6所示，使其自然干燥后，进行钻孔清理。

图3-6 YC-1地应力测点的应力解除岩芯

根据安装小孔岩芯的完整情况，应力传感器安装在孔深10.26m处，采用黏结的方法安装应变计。第二天，黏结剂固化约24h后，对装有应变计的岩体进行套芯应力解除，从应力解除过程来看，12个应变片均工作正常。

应用专用数据处理软件对测量数据进行处理后表明，各种不同组合的应变片数据相关系数为0.94，可信度较高。

12个应变片测得的微应变随解除距离的变化曲线如图3-7所示。

由图3-7可以看出，从开始应力解除至解除距离为31cm阶段，应变曲线平缓，应变随解除距离的变化幅度很小，说明钻头未推进至应变片位置；当解除距离到达31cm后，应变量逐渐增加；当应力解除至应变片位置即解除距离达36cm时，应变量突然增大，随后应变曲线趋于平缓；当应力解除至38cm后，应变量基本不变；当应力解

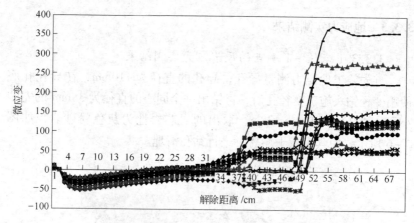

图 3-7   YC-1 测点的应力解除曲线

除至 61cm 时，应变解除结束。应变解除曲线正常，可作为计算应力的依据。

对应力解除所得的数据进行整理和分析，可得到 YC-1 测点的 3 个主应力值 σ_1，σ_2，σ_3，并列于表 3-1 中。

表 3-1   YC-1 测点的原岩应力实测结果

主应力	实测值/MPa	倾角/(°)	方位角/(°)
σ_1	26.46	4.7	101.6
σ_2	19.45	78.0	11.3
σ_3	13.91	11.0	192.6

3.3.3.2   YC-2 测点的原岩应力实测结果

YC-2 测点选定在 3301 皮带顺槽躲避硐内。首先，以 35°仰角进行导孔的施工，导孔的直径为 110mm，导孔的深度为 12.5m，然后，使用变径钻头施工变径孔，最后使用直径为 38mm 的钻头施工安装小孔。

根据安装小孔岩芯的完整情况，应力传感器安装在孔深 12.88m 处，采用黏结的方法安装应变计。黏结剂固化约 24h 后，对装有应变计的岩体进行套芯法应力解除。从应力解除过程来看，12 个应变片均工作正常。

　　YC - 2 测点的应力解除岩芯如图 3 - 8 所示。

图 3 - 8　YC - 2 地应力测点的应力解除岩芯

　　应用专用数据处理软件对测量数据进行处理后表明，各种不同组合的应变片数据相关系数为 0.93，可信度较高。

　　应力解除得到的 12 个应变片的微应变随解除距离的变化曲线如图 3 - 9 所示。

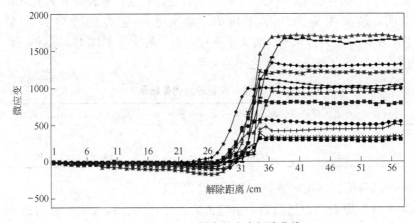

图 3 - 9　YC - 2 测点的应力解除曲线

　　从图 3 - 9 所示的曲线可以看出，从应力解除开始至解除距离为 31cm 阶段，应变曲线平缓，应变值随解除距离的变化幅度很小，说明钻头未推进至应变片位置；当解除距离至 33cm 时，应变量逐渐增加；当应力解除至应变片位置，即解除距离达 36cm 时，应变量突然增加，随后应变曲线趋于平缓；当应力解除至 39cm 后，应变量基本不变；当应力解除至 59cm 时，应变解除结束。可以看出，应变解除曲线正常，可作为计算应力的依据。

对应力解除所得的数据进行整理和分析，可得到 YC – 2 测点的 3 个主应力值 σ_1，σ_2，σ_3，并列于表 3 – 2 中。

表 3 – 2　YC – 2 测点的原岩应力实测结果

主应力	实测值/MPa	倾角/(°)	方位角/(°)
σ_1	27.81	20	112.3
σ_2	20.89	56	21.2
σ_3	14.47	18	217.1

3.4　地应力实测结论与建议

为了探明该煤矿井下原岩应力的实际状态，根据井下实际施工条件，本次地应力实测共布置了两个原岩应力测点。原岩应力测量结果表明，最大主应力为水平应力，最大水平应力的方向为北东 101.6° ~ 112.3°，水平应力大于垂直应力。最大水平应力、最小水平应力、垂直应力以及三者之间的关系列于表 3 – 3。

表 3 – 3　原岩应力测量结果

测点	σ_{hmax}/MPa	σ_{hmin}/MPa	σ_v/MPa	σ_{hmax}/σ_v	$\sigma_{hmax}/\sigma_{hmin}$
YC – 1	26.46	13.91	18.17	1.46	1.90
YC – 2	27.81	14.47	18.65	1.49	1.92

经分析，该煤矿原岩应力场具有以下特点：

（1）原岩应力场的第一主应力为水平应力，最大水平应力的方向为北东 101.6° ~ 112.3°。

（2）水平应力大于垂直应力，最大水平主应力为垂直应力的 1.46 ~ 1.49 倍，这对井下岩层的变形破坏以及矿压显现规律均有明显的影响。

（3）实测的最大水平主应力约为最小水平主应力的 1.90 ~ 1.92 倍，即 $\sigma_{hmax} = (1.90 \sim 1.92)\sigma_{hmin}$，水平应力对巷道掘进的影响具有较为明显的方向性。

（4）实测的垂直应力大于按照上覆岩层厚度和重度计算的垂直应力。

根据地应力实测结果可知，地应力对该矿井的影响以水平向高地应力作用为主导，而非传统的垂直应力为主导，因此，在矿井生产中，特别是在巷道支护设计中应充分考虑水平应力高这一重要影响因素。

（1）采区布置时应尽量使巷道的掘进方向与最大水平应力的方向一致，以减小水平应力对巷道围岩稳定的影响。

（2）要在地应力实测结果的基础上，分析最大水平应力分布方向与巷道破坏的关系，以指导巷道支护设计。

（3）由于该煤矿地质构造较复杂，因此，建议根据地应力实测结果，进一步分析矿井地质构造与地应力的关系，找出地应力与地质构造的内在联系，为防治矿井动力破坏提供科学根据。

4 深部软岩巷道围岩岩性与破坏机理分析

4.1 深部软岩巷道围岩岩性物相分析

巷道围岩的岩性是决定巷道围岩变形破坏的关键因素之一[96]，为了探明井下巷道和硐室围岩的岩性，分别在 −700m 水平中央变电所、−700m 水平回风石门及 −700m 水平皮带石门采取岩样，利用 D8 ADVANCE 型 X 射线衍射仪对岩样成分进行物相分析，从而为巷道支护方案的确定奠定了基础。

4.1.1 D8 ADVANCE 型 X 射线衍射仪

D8 ADVANCE 型 X 射线衍射仪是德国 BRUKER – AXS 有限公司生产的大型贵重精密分析测试仪器，是当今世界上最先进的 X 射线衍射仪之一，如图 4 −1 所示。

该仪器设计精密，硬件和软件功能齐全，可准确地对材料的组成和原子级结构进行研究和鉴定，广泛应用于金属及合金材料、半导体及超导材料、陶瓷材料、化学及涂层材料、地质矿物、聚合物及催化剂、环境材料、医药品、新材料及纳米材料等领域，可进行物相的定性与定量分析、晶块的大小测定、宏观应力的测定、微观应力的测定、指标化和点阵常数的测定、结构分析、不同温度下样品的结构变化分析等。

D8 ADVANCE 型 X 射线衍射仪的主要性能和主要附件如下：

（1）$\theta - \theta$ 模式。测量过程中，X 光管和探测器绕着试样转动，样品始终保持水平静止不动，适合测量液体、松散粉末、大样品、文物以及有特殊要求（如高低温、化学反应、压力等）的样品。

（2）测角仪。步进马达和光学编码器可确保测角仪快速而准确地定位，测角仪的对光工作由计算机自动完成，精度高，角度重现性

图 4 - 1　D8 ADVANCE 型 X 射线衍射仪

可达 ±0.0001°，最小步长为 0.0001°。同时，还可以随意改变测角仪的圆直径，以满足高强度或高分辨率要求。

非接触性的光学编码器系统不受机械磨损的影响，可确保测角仪系统长期运行而精度不减。

（3）Sol - X 固体探测器。Sol - X 固体探测器适用于各种 X 光源，具有最佳的分辨率和峰形，可自动过滤荧光、白光等，背景极低，具有最佳的信噪比，强度提高 2 ~ 4 倍。

（4）分析软件。D8 ADVANCE 型 X 射线衍射仪的分析软件是真正的实时 32 位 Windows NT/2000/XP 环境下的多任务操作软件。可对设备的运行情况进行实时监督，也可对测试过程进行动态显示，具有自动寻峰、自动扣除背底、自动剥离、图像放大、图像重叠显示、自动建立 d/I 文件、多窗口显示等多种功能。

分析软件的自动控制系统主要包括管流、管压设定、位敏探测器的选择、高低温设备的自动温度控制等。

（5）高温附件。D8 ADVANCE 型 X 射线衍射仪的温度范围为室温至 1600℃，可利用加热模块化互换，并利用千分尺调整高度。

4.1.2　巷道围岩岩性物相分析结果

在管电压为 40kV、管电流为 40mA 的工作条件下，利用 D8 AD-VANCE 型 X 射线衍射仪对岩样进行物相分析所得到的分析结果如表 4-1 和图 4-2～图 4-5 所示。

表 4-1　-700m 水平巷道围岩岩石矿物组成

序号	岩样取样地点	石英含量/%	珍珠陶土含量/%	赤铁矿含量/%
1	-700m 水平中央变电所	67.9	32.1	0
2	-700m 水平回风石门（1）	64.0	36.0	0
3	-700m 水平回风石门（2）	67.4	32.6	0
4	-700m 水平皮带石门	51.5	40.4	8.1

由巷道围岩岩性测试分析报告表 4-1 和物相分析曲线图 4-2～图 4-5 可以得到以下结论：

（1）-700m 水平中央变电所试样中的主要矿物成分为石英和多种矿物的集合体即珍珠陶土，其中石英含量约为 67.9%，珍珠陶土含量约为 32.1%。

（2）-700m 水平回风石门试样中的主要矿物成分为石英和多种矿物的集合体即珍珠陶土，其中石英含量约为 64% 和 67.4%，珍珠陶土含量约为 36% 和 32.6%。

（3）-700m 水平皮带石门试样中的主要矿物成分为石英和多种矿物的集合体即珍珠陶土，并含有少量赤铁矿；其中石英含量约为 51.5%，珍珠陶土含量约为 40.4%，赤铁矿含量约为 8.1%。

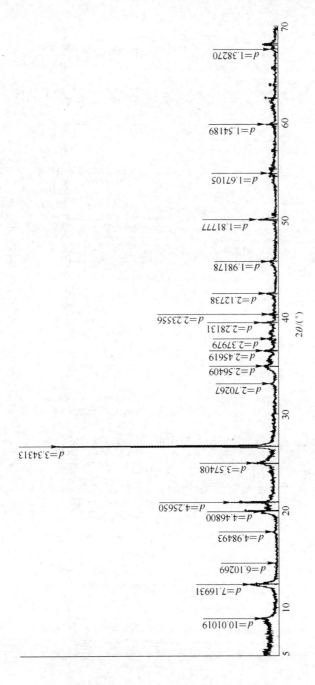

图 4 - 2 -700m 水平中央变电所岩样分析物相图

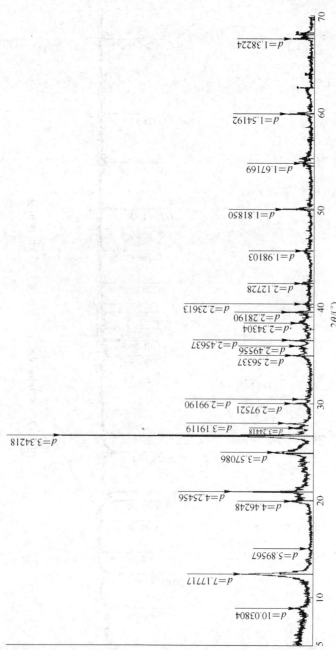

图 4 - 3 -700m 水平回风石门岩样 1 分析物相图

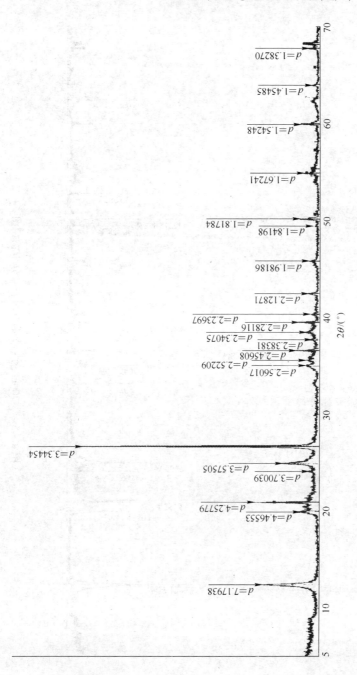

图 4－4　－700m 水平回风石门岩样 2 分析物相图

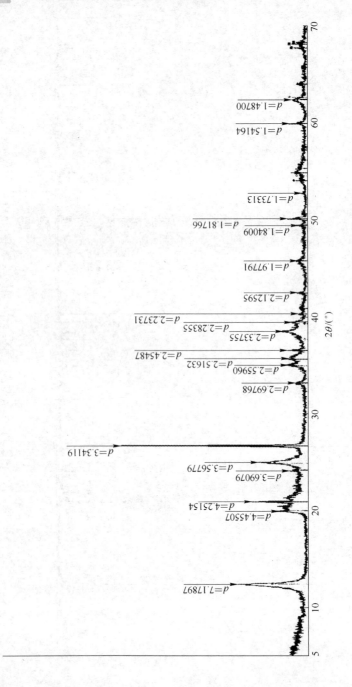

图 4－5 －700m 水平皮带石门岩样分析物相图

4.1.3 巷道围岩特性分析

巷道围岩岩性物相分析结果表明，该煤矿井下巷道围岩的主要矿物成分为石英和多种矿物的集合体即珍珠陶土。

石英是一种物理性质和化学性质均十分稳定的矿物，石英的化学成分为 SiO_2，晶体属三方晶系的氧化物矿物。低温石英（α-石英）是石英族矿物中分布最广的一个矿物种，广义的石英还包括高温石英（β-石英）。石英块又名硅石，是生产石英砂（又称硅砂）的主要原料，也是石英耐火材料和烧制硅铁的原料。石英砂岩的主要成分为石英，密度为 $2.65g/cm^3$，莫氏硬度为7，结晶属于六万晶体系，外观成白色、青灰色、灰白色等，主要用于玻璃制品、铸造工业、冶金工业、陶瓷釉面、耐火材料、水泥工业和化学工业等。对于巷道围岩的稳定性来说，石英含量越高，对巷道围岩的稳定性越有利，支护费用也会大大降低。

珍珠陶土是多种矿物的集合体，被水润湿后具有可塑性。珍珠陶土由6个高岭石构造层形成一个单位层，单斜晶系，常呈假六方形鳞片状晶体，无色或淡黄色，煅烧后呈白色，珍珠光泽，硬度约为2，密度为 $2.627g/cm^3$。差热曲线上的脱水吸热谷位于 $700℃$，比高岭石高约 $100℃$。珍珠陶土是由铝硅酸盐矿物长石、云母长期风化而成，也有产于金属矿脉两旁，为低温热液蚀变产物，耐火度较高，主要用作陶瓷和耐火材料的原料。珍珠陶土具有较大的吸水膨胀性，易于风化碎胀，对巷道围岩的稳定性不利。对于珍珠陶土含量较高的巷道应及时封闭巷道围岩并加强支护。

通过对井下巷道围岩的岩样进行物相分析可知，该煤矿井下巷道围岩中的珍珠陶土含量达32%~40%，珍珠陶土属膨胀性矿物集合体，具有较大的吸水膨胀性，易于风化碎胀，这些岩石在水（包含空气中的水）的影响下，除变形外更具有一定的膨胀性，特别是在大断面、大淋水的情况下，将对巷道围岩稳定造成严重影响。

4.1.4 巷道围岩岩性物相分析建议

通过对该煤矿深部软岩巷道围岩的岩样进行物相分析可知，该煤

矿 -700m 水平巷道围岩的岩性以石英和珍珠陶土为主。石英的性质稳定，具有较高的抗压强度，对巷道围岩的稳定较有利。珍珠陶土是膨胀性矿物，具有较明显的可塑性、吸水膨胀性和散碎性，对巷道围岩的稳定十分不利，巷道掘进成型后顶板很容易发生碎胀变形，从而形成较多的网兜结构[97,98]。因此，巷道掘进后应及时封闭围岩，防止其风化和遇水膨胀，并应采取措施增强顶板的完整性，如增大锚杆和锚索的预应力、提高钢筋网的刚度等。

4.2 深部软岩巷道围岩破坏机理分析

同一个煤矿不同巷道围岩的变形、破坏程度不尽相同，破坏的机理也不尽相同[99]。影响巷道变形的因素很多，如围岩的物理力学特性、矿物组成、岩体构造、构造带、采动压力等，其他还有水、瓦斯、支护结构设计、施工工艺及施工质量等均对巷道围岩变形产生不同程度的影响[100]。

该煤矿自井下巷道施工以来，包括 -700m 水平中央变电所在内的多数巷道和硐室均发生了不同程度的破坏。为了寻求合理的加固治理方案，有必要对其破坏机理进行综合分析。

（1）岩石强度的影响。全面分析该煤矿巷道围岩的破坏情况可知，破坏段大多位于泥岩、粉砂质泥岩和细砂岩中。-700m 水平中央变电所、中央水泵房等硐室就处在泥岩或细砂岩中，这些硐室均发生了不同程度的破坏，且经历多次加固维修仍不能保持稳定，不加固则不能继续投入使用。这些泥岩、细砂岩的单轴抗压强度小于25MPa，按坚固性系数分类，其 $f = 2 \sim 3$，属于软岩巷道。

（2）岩石流变与埋深的影响。该煤矿巷道围岩的变形破坏情况表明，这些破坏巷道大部分位于泥岩、页岩类岩体中，围岩强度低，且围岩侧限应力已被解除[101]。在上覆岩层重力作用下，巷道围岩会产生塑性变形，强度高的岩石，随着时间的增长也会出现流变现象，埋藏越深，这种现象越明显，在塑性变形或流变的影响下，巷道支护结构就会出现不同程度的变形与破坏。

（3）水的影响。大量的工程实践和室内实验均表明，水对岩石和煤层的力学特性有显著影响。岩石和煤层遇水后，随着水分的增加其强度将逐渐降低，即出现软化现象，从而将加快塑性变形或流变的进程，造成井下巷道支护结构的变形和破坏。

在水的作用下，如果巷道围岩中含有膨胀性黏土矿物集合体，如珍珠陶土等，其体积将会不断膨胀。如果失去水分则会出现收缩现象，在一胀一缩的循环过程中还会出现残余应变，实验数据表明，这一残余应变约为3‰。如果周期出现这种差异应变，岩石将会经弱面分离而开始水解，这也是巷道围岩在没有构造破碎情况下出现冒落的重要原因。

如果巷道围岩中含有黄铁矿，它遇水后产生的 $FeSO_4$ 的体积将比原体积增大数倍，这也会造成支护结构的变形或破坏。

（4）岩石矿物成分的影响。巷道围岩矿物成分分析表明，该煤矿井下巷道围岩的矿物成分以石英和珍珠陶土为主。珍珠陶土虽属于弱膨胀黏土矿物，但它遇水极易泥化、水解、软化，如果岩石的主要成分是珍珠陶土，其膨胀量也是相当大的。如遇水或在其他高地应力的作用下，其流变也很强烈。如岩石矿物中含有黄铁矿，遇水后，将发生化学反应，其体积可增大几倍甚至十几倍。

该煤矿巷道泥岩、细砂岩、铝土、粉砂质泥岩中珍珠陶土的含量达40%以上，受此影响，该煤矿井下巷道围岩出现了大面积大变形量的失稳，最重要的原因之一就是珍珠陶土在水的影响下持续膨胀软化，在重力和构造应力作用下发生塑性变形和持续流变。在膨胀力和流变力的作用下，巷道支护结构陆续失稳。

（5）上覆岩层的影响。大量研究资料表明，地下工程支护体系承受的重力为 $\sigma = \gamma H$（γ 为覆岩重度，H 为埋深），但并非所有地下工程的受力均符合这一规律。随着地下工程埋深的增加，构造应力和残余应力明显增大，特别是岩石的塑性流变和脆性岩石的碎胀变形将逐渐加剧。

该煤矿井下工程的埋深超过了700m，所受上覆岩层的压力是巨大的，虽然对强度高、厚度大的岩石以及胶结良好的砂岩影响不明显，但对于强度较低的页岩、泥岩等，在上覆岩层重力的作用下，其流变或碎胀变形则非常明显。

（6）构造应力的影响。地壳运动形成的断层、褶皱潜藏着巨大的构造应力，靠近或位于这些构造带的地下工程，一旦开挖，这些应力必将释放并重新分布。在应力重新分布过程中，巷道支护体系必将受力，且要承受残余构造应力的影响，这也是造成巷道变形乃至失稳破坏的重要原因之一[102]。

该煤矿井下 −700m 水平中央水泵房、中央变电所以及皮带石门、轨道石门和回风石门等穿越两条断层（断层落差分别为 206m 和 45m），断层在形成过程中又形成了大大小小的若干个次生小断层，因此，构造应力也是导致煤矿巷道与硐室失稳的原因之一。

（7）施工因素的影响。施工工艺、施工技术以及施工质量也是影响巷道与硐室围岩稳定的重要因素之一。一般机掘巷道易保持巷道围岩的稳定，爆破开挖则极易造成巷道周边围岩的松动，因此，应根据巷道围岩的实际状况选择合理的施工方式。施工技术以爆破而论，爆破方式可分为光面爆破、分次爆破、全断面一次爆破等，爆破材料（炸药）、起爆方式、爆破参数（如炮眼深度、炮眼直径、炮眼数量、装药量、起爆顺序等）对巷道围岩的稳定均有十分重要的影响。特别是在泥岩和构造带中进行爆破，施工时如不采取适当的防震措施，将会给巷道围岩的稳定带来很大的负面影响。

施工质量对巷道围岩的稳定也很重要，如光面爆破效果、锚杆和锚索的布置、锚固力等是否符合设计要求。特别是在锚注施工过程中，注浆质量及注浆效果将严重影响巷道围岩的稳定。

5 深部软岩巷道围岩松动圈实测分析

5.1 巷道围岩松动圈的定义

巷道围岩松动圈是指在巷道开掘后，巷道周边围岩的应力平衡被打破并进行重新分布，巷道周边应力由三向应力状态转变为二向应力状态，径向应力为零，由巷道周边向巷道围岩深部逐渐过渡到原岩应力状态[103]。在围岩应力重新分布的过程中，当围岩应力超过围岩强度后将在围岩中产生一组新的裂缝，其分布形状类似圆环形或椭圆环形，当围岩为不均质时将呈不规则形状，将这一范围内的岩石定义为围岩松动圈，如图 5-1 所示。围岩松动圈的力学特性表现为应力降低，松动圈以外是塑性极限平衡区和弹性区[104]。

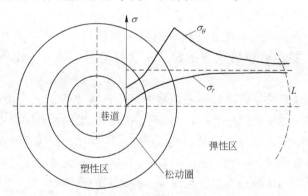

图 5-1 巷道围岩松动圈与应力分布区示意图

5.2 巷道围岩松动圈的常用实测方法

根据巷道围岩松动圈的定义，董方庭教授等于 1985 年提出了围岩松动圈支护理论，并将该理论应用于指导煤矿巷道的支护设计，取得了良好的技术经济效益，之后，测定巷道围岩的松动圈逐渐成为煤矿现场的一个经常性和指导性的工作[105~107]。但由于围岩松动圈存在于围岩内部，不能直接进行观测，需要依靠一定的技术手段，因此，如何准确可靠地测定出松动圈范围便成为工程技术人员非常关心的问题，有必要对国内外松动圈测试手段进行分析和探讨。

巷道围岩松动圈测试技术很多，并不断发展，现在常用的巷道围岩松动圈测定方法主要包括超声波法、多点位移计法、地质雷达法、地震波法、电阻率法、渗透法、钻孔光学电镜法和放射性元素法等[108]。

（1）超声波法。目前，采用超声波测试巷道围岩松动圈较成功的方法主要有两种：一种是单孔测试法；另一种是双孔测试法。超声波法测试松动圈的主要优点是测试技术成熟，测试结果可靠，原理简单，仪器简便，可以重复使用。存在的主要问题是，在测试过程中，要打测试孔，且需提供风和水，工作量较大，采用水作为声波探头与岩石孔壁的耦合媒介，对水的流量、压力和水质要求较高，实际操作困难，测试人员经常全身被水淋湿。在软岩和煤层中测试更为困难，一般一条巷道的测试工作需要 5~10d 才能完成。

（2）多点位移计法。在研究巷道围岩的稳定性时，使用多点位移计测量数据分析出巷道围岩的松动圈范围也是一种比较常用的方法。

采用多点位移计测量巷道围岩内部不同深度点的岩石位移情况，根据位移计测试的位移量与时间关系曲线，可以判断出围岩中不同深度岩石向空间内位移的情况，位移量随时间变化大，说明该点位置以内的岩石有破裂，因此，由不同点的位移与时间关系曲线可以确定松动区与不松动区的分界点，从而确定松动圈的范围。

多点位移计测试方法的优点是测试数据可靠，但缺点是观测工作量大，仪器为一次性消耗，费用高，精度较差，所需时间长。

（3）地质雷达法。地质雷达法是一种新型的非破损探测技术，用仪器从外表面发射高频电磁脉冲波，利用其在介质内部界面上的反射波来探测裂缝的位置。地质雷达法测试的优点是不需钻孔，精度、效率和分辨率高，灵活方便，剖面直观，测试快速，现场即可得到裂缝位置图，并得出松动圈范围；缺点是仪器昂贵。

（4）地震波法。地震波在不同性质的岩石或同一岩层中传播时，由于岩石强度、孔隙度、密度等的差异，具有不同的传播速度。其波速测试原理是直接利用总波的到时拟合直线进行岩层速度对比与判断。地震波法的优点是测试在巷道纵向进行，测试巷道范围大，数据可靠、快速；缺点是仪器较贵，探头布置与仪器安装较困难，目前国内应用较少。

（5）电阻率法。岩体体积应变和电阻率变化之间有明显的相关性。常见岩体（如石英、云母等硅酸盐类矿物）的电阻率高达$106\Omega \cdot m$以上，电阻率很高。岩体是以其孔隙、裂隙中的液体和气体中的离子导电为主，因此，岩体电阻率变化起主导作用的是岩体中的孔隙、裂隙发育程度、含水性以及水的矿化度。电阻率观测时，用一定的电极排列装置向岩层供电，通过测量供电回路的电流强度I和两测量电极之间的电位差V而得到的岩石电阻率。电阻率法的优点是布点测量方便、测试范围大、观测简单、快速经济、不破坏岩体原有状态，并可以一次布设若干组电极分段（分区）观测，且可以长期定时观测；缺点是对仪器精度要求较高，需要良好的电极布置技术。

（6）渗透法。当岩体中有较多裂隙生成和发展时，渗透率将变大，因此，找出渗透率大的范围，就能测定出围岩松动圈。

实测时，在巷道中钻测试孔，将仪器探头伸入孔中，分段堵住两头，中间注水，测量水漏入岩体的量。当漏水量增高时，表明岩体的渗透率增高，说明围岩中裂隙较多，为破裂区。测出不同深度的渗透率变化，即可以得到松动圈的外边界点，连接各个孔的边界点就可得到围岩松动圈的范围。

渗透法的优点是简单直观、数据准确；缺点是对于软岩和遇水膨胀的岩层，测试困难，工作量大。

（7）钻孔光学电镜法。钻孔光学电镜法是将摄像头放入钻孔，直接对裂缝观测拍照，并进行比较分析，找到松动圈的范围。该方法的优点是测试时对于微观裂隙情况分析比较准确，可以及时准确地得出数据；缺点是仪器价格较高。

（8）放射性元素法。放射性元素法的测试原理是利用岩石具有放射性和吸收放射性元素的特性对松动圈进行测试。如果岩石破裂了，检测到的放射性的量就会发生变化，并能通过仪器的图像反映出来。该方法的优点是，不必使用探头与岩壁间的耦合剂，不会有声波方法的水耦合问题，可以用于软岩，操作简单易行；缺点是虽然仪器有放射保护，但由于放射性元素对人体有害，使人在观念上难以接受，使用时有一定的局限性。

5.3　地质雷达探测巷道围岩松动圈的可行性分析

根据巷道围岩松动圈的形成机理，松动圈实质上就是围岩中的破碎带，松动圈边界是破碎带与完整的弹塑性变形区的分界线，该界面两侧的物性差异显然很大，满足使用地质雷达确定松动圈边界位置的基本物理条件。另外，虽然巷道围岩松动圈的最大厚度一般不超过3~4m，但确定松动圈边界要求有较高的精度。

地质雷达为便携式仪器，本质安全型，是一种无损探测手段，很容易实现重复探测，配置400MHz天线的仪器即可满足松动圈探测精度和深度的要求，同时，根据雷达探测原理，分辨两侧物性差异较大的界面是其主要的应用基础，因此，在煤矿井下应用地质雷达探测巷道围岩松动圈是可行的，也是科学的。

5.4　地质雷达仪器组成

目前，我国使用较广泛的地质雷达有加拿大SSI探头与软件公司的Pulse Ekko100型地质雷达、瑞典SCAB公司的Ramac型地质雷达和重庆科学院的KDL型地质雷达，它们在工作原理、数据处理方面大同小异。

本次实测选用的松动圈探测仪器为加拿大SSI探头与软件公司的Pulse Ekko100型地质雷达，它由便携式计算机、主控面板、发射机、发射天线、接收天线、接收机、光缆及附件等组成，如图5-2所示。地质雷达通过向介质中发射高频、宽频带电磁波，并接收电磁波遇到介质界面后的反射回波信号、记录到的电磁波双程走时及波幅、同相轴等波形资料、反射界面或目的体的深度位置及几何形态。同样，介质之间的物性差异亦可以导致波形资料的变形，故界面两侧物性差异越大，则界面越易于分辨。

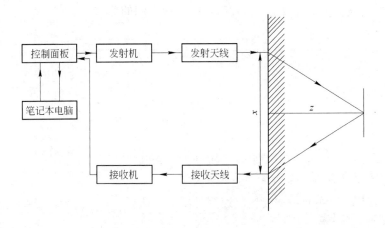

图 5 – 2　地质雷达仪器组成

5.5　地质雷达探测原理

地质雷达采用高频脉冲电磁波定向发射传播，在传播途中遇到电性不同的分界面或不均匀地质体产生反射电磁波（回波），在时间域中识别回波和确定传播时间，从而确定界面或地质体的空间位置。地质雷达由发射部分和接收部分组成，其中，发射部分由产生高频脉冲波的发射机和向外辐射电磁波的天线（T）组成，通过发射天线向地下或掘进迎头前方发射高频电磁波，电磁波在传播途中遇到电性分界面将产生反射，反射波被设置在某一固定位置的接收天线（R）接收，与此同时，接收天线还接收到沿岩层表层传播的直达波，反射波和直达波同时被接收机记录或在终端将两种波显示出来[109]。

地质雷达探测原理如图 5 – 3 所示，即发射天线 T 发射电磁波，当遇到介质分界面时产生反射波，反射波被放置在介质表面的接收天线 R 接收，主机记录。

反射界面深度可用下式求得：

$$z = \frac{\sqrt{t^2 v^2 - x^2}}{2} \tag{5-1}$$

式中，z 为反射界面深度；t 为电磁波从探头到反射界面的传播时间；v 为电磁波传播速度；x 为发射与接收探头间的距离。

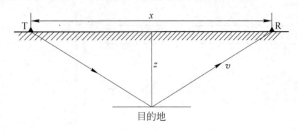

图 5-3 地质雷达探测原理

电磁波在介质中传播的速度可用下式计算：

$$v = \frac{c}{\sqrt{\varepsilon_r}} \qquad (5-2)$$

式中，c 为电磁波在真空中传播的速度；ε_r 为介质的相对介电常数。

由于发射天线与接收天线的距离很近，电场方向通常垂直于入射平面，因此，反射系数 γ 可简写成

$$\gamma = \frac{\sqrt{\varepsilon_{r1}} - \sqrt{\varepsilon_{r2}}}{\varepsilon_{r1} + \varepsilon_{r2}} \qquad (5-3)$$

式中，ε_{r1} 和 ε_{r2} 分别为上、下层介质的相对介电常数。

考虑到发射探头与接收探头相距很近，取 $x = 0$，由式（5-1）和式（5-2）可得界面深度的计算式为：

$$z = \frac{tv}{2} = \frac{tc}{2\sqrt{\varepsilon_r}} \qquad (5-4)$$

选用不同的天线将得到不同的探测精度和深度，该套仪器配置 400MHz 天线。地质雷达采用不同探测天线时的技术参数列于表 5-1 中。

表 5-1   不同探测天线时的地质雷达技术参数

范 围	探测深度	主 频	应用领域
浅部	<0.5m	>1000MHz	公路路面、机场跑道、墙厚及墙内和隐蔽物

范　围	探测深度	主　频	应用领域
中深度	0.5 ~ 8m	100 ~ 900MHz	地下管线、地下空洞、考古、地下工程围岩、混凝土检测
大深度	10 ~ 50m	<100MHz	岩土工程勘察、探明地下岩溶洞穴、堤坝隐患、地基勘察、岩土层划分

5.6　地质雷达探测方法

利用地质雷达进行探测时，根据探测目标和位置的不同，通常可以采用以下几种方法[110]：

（1）同位发射－接收法。在同一点位设置发射天线和接收天线，同时发射脉冲信号和接收目标发射信号，根据回波信号走时来计算目标距离和位置。在井下掘进工作面超前探测时，发射点（T）和接收点（R）相距0.5 ~ 1m的位置上架设天线。架设天线时，要先铲平工作面岩层，将天线紧贴煤壁或岩层，并用金属网将四周围好，避免漏场。

（2）剖面法与多次覆盖法：

1）剖面法。发射天线（T）和接收天线（R）以固定间距沿测线同步移动。发射天线和接收天线同时移动一次便获得一个记录。当发射－接收天线同步沿测线移动时，就可以得到由多个记录组成的地质雷达时间剖面图像。横坐标为天线在地表测线上的位置，纵坐标为雷达脉冲从发射天线发出经地下界面反射回到接收天线的双程走时（见图5－4）。这种记录能准确地反映测线下各个方面的起伏变化。这种方法能在地面施工、井下巷道底板探测和侧壁探测中使用。

2）多次覆盖（共深点）方法。地质雷达探测来自深部界面的反射波时，由于信噪比较低，不易识别回波，这时可采用类似于地震的多次覆盖技术，应用不同天线距的发射－接收天线对同一测线进行重复测量，然后把所得的测量记录中测点位置（同深点）相同的记录进行叠加处理，以增加所得记录对地下介质的分辨率。

（3）多天线法。这种方法利用多天线进行测量。每个天线使用

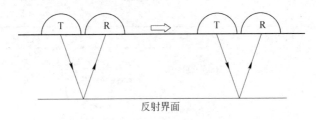

图 5 - 4　剖面法原理

的频率可以相同，也可以不同。每个天线的参数如点位、测量时窗、增益等都可以单独设置程序。多天线测量主要使用两种方式：第一种方式是所有天线相继工作，形成多次单独扫描，多次扫描使得一次测量覆盖的面积广，从而提高工作效率，另外，也可以利用多次扫描结果进行叠加处理，有利于提高系统的信噪比；第二种是所有天线同时工作，利用时间偏移推迟各道天线的接收时间，可以形成一个合成雷达记录，改善系统聚焦特征即天线的方向特性。聚焦程度取决于各天线之间的间隔大小。

（4）广角法。当一个天线固定在地面某点不动，而另一天线沿测线移动，记录地下各个不同层面反射波的双程走时，这种测量方法称为广角法（见图 5 -5），它主要用来测定地下介质的电磁波传播速度，在时域内研究地下构造以及反射面的深度。

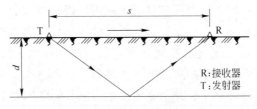

图 5 -5　广角法原理

5.7　测点布置与实测过程

为了实测该煤矿相关巷道围岩的松动破坏范围，每条巷道根据现场情况设置 3 个探测断面，每个探测断面又分别选定了 13 个典型测点，具体测点布置与实测路线如图 5 - 6 所示。

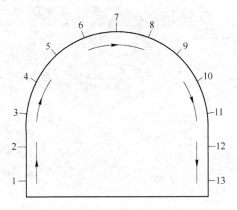

图 5 - 6   测点布置与探测路线图

5.8   巷道围岩松动圈实测结果分析

通过对该煤矿相关巷道进行现场实测，得到了大量的探测扫描数据，这些实测数据经地质雷达专业分析软件处理后，所得到的各巷道围岩松动圈的扫描图像、巷道各部分松动圈厚度的最大值以及相应的巷道围岩松动圈图示分别如下所列。限于篇幅，每条巷道均给出一个探测断面的地质雷达扫描图像。

5.8.1   -700m 水平中央水泵房围岩松动圈探测结果分析

利用地质雷达分别在 - 700m 水平中央水泵房实测了三组断面，得到的地质雷达探测图和围岩松动圈示意图分别如图 5 - 7 和图 5 - 8 所示，围岩各部位的松动圈最大值列于表 5 - 2 中。

表 5 - 2   -700m 水平中央水泵房围岩松动圈大小

断面编号	顶板最大值/m	左帮最大值/m	右帮最大值/m
1	1.63	1.43	1.39
2	1.65	1.47	1.34
3	1.69	1.44	1.33

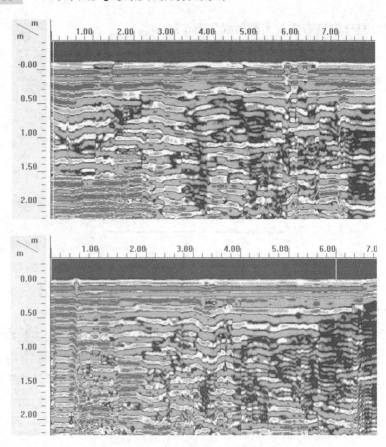

图 5 - 7   - 700m 水平中央水泵房围岩地质雷达探测图

断面 1   断面 2   断面 3

图 5 - 8   - 700m 水平中央水泵房围岩松动圈形状图

　　－700m 水平中央水泵房的松动圈实测结果表明，该硐室的围岩松动圈较大，且顶板的松动范围最大，为 1.63～1.69m，左帮次之，为 1.43～1.47m，右帮相对较小，为 1.33～1.39m。

5.8.2　－700m 水平中央变电所围岩松动圈探测结果分析

　　利用地质雷达分别在－700m 水平中央变电所实测了三组断面，得到的地质雷达探测图和围岩松动圈示意图分别如图 5－9 和图 5－10 所示，围岩各部位的松动圈最大值列于表 5－3 中。

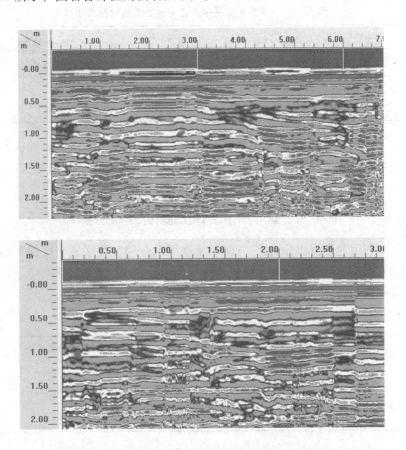

图 5－9　－700m 水平中央变电所围岩地质雷达探测图

断面 1   断面 2   断面 3

图 5 – 10   – 700m 水平中央变电所围岩松动圈形状图

表 5 – 3   – 700m 水平中央变电所围岩松动圈大小

断面编号	顶板最大值/m	左帮最大值/m	右帮最大值/m
1	1.71	1.47	1.28
2	1.66	1.33	1.38
3	1.68	1.35	1.43

– 700m 水平中央变电所的松动圈实测结果表明，该硐室的围岩松动圈较大，且顶板的松动范围最大，为 1.66 ~ 1.71m，左帮次之，为 1.33 ~ 1.47m，右帮相对较小，为 1.28 ~ 1.43m。

5.8.3   – 700m 水平回风石门围岩松动圈探测结果分析

利用地质雷达分别在 – 700m 水平回风石门实测了三组断面，得到的地质雷达探测图和围岩松动圈示意图分别如图 5 – 11 和图 5 – 12 所示，围岩各部位的松动圈最大值列于表 5 – 4 中。

表 5 – 4   – 700m 水平回风石门围岩松动圈大小

断面编号	顶板最大值/m	左帮最大值/m	右帮最大值/m
1	1.65	1.50	1.38
2	1.58	1.31	1.38
3	1.65	1.38	1.43

– 700m 水平回风石门的松动圈实测结果表明，该硐室的围岩松动圈较大，且顶板的松动范围最大，为 1.58 ~ 1.65m，两帮相对较

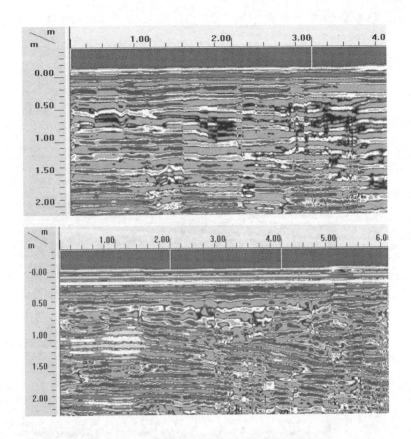

图 5 – 11   –700m 水平回风石门围岩地质雷达探测图

图 5 – 12   –700m 水平回风石门围岩松动圈形状图

小，且左帮的松动圈大小为 1.31～1.50m，右帮的松动圈大小为 1.38～1.43m。

5.8.4　-700m 水平轨道石门围岩松动圈探测结果分析

利用地质雷达分别在 -700m 水平轨道石门实测了三组断面，得到的地质雷达探测图和围岩松动圈示意图分别如图 5-13 和图 5-14 所示，围岩各部位的松动圈最大值列于表 5-5 中。

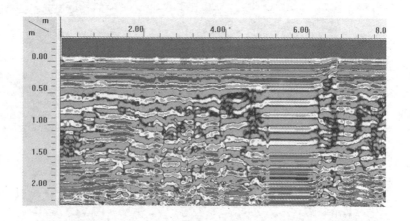

图 5-13　-700m 水平轨道石门围岩地质雷达探测图

断面 1　　　　　　　　断面 2　　　　　　　　断面 3

图 5 - 14 　 -700m 水平轨道石门围岩松动圈形状图

表 5 - 5 　 -700m 水平轨道石门围岩松动圈大小

断面编号	顶板最大值/m	左帮最大值/m	右帮最大值/m
1	1.71	1.30	1.44
2	1.69	1.43	1.41
3	1.63	1.40	1.39

　　-700m 水平轨道石门的松动圈实测结果表明，该硐室的围岩松动圈较大，且顶板的松动范围最大，为 1.63～1.71m，右帮次之，为 1.30～1.43m，左帮相对较小，为 1.39～1.44m。

5.8.5 　 -700m 水平皮带石门围岩松动圈探测结果分析

　　利用地质雷达分别在 -700m 水平皮带石门实测了三组断面，得到的地质雷达探测图和围岩松动圈示意图分别如图 5 - 15 和图 5 - 16 所示，围岩各部位的松动圈最大值列于表 5 - 6 中。

表 5 - 6 　 -700m 水平皮带石门围岩松动圈大小

断面编号	顶板最大值/m	左帮最大值/m	右帮最大值/m
1	1.60	1.49	1.48
2	1.68	1.26	1.38
3	1.65	1.28	1.35

　　-700m 水平皮带石门的松动圈实测结果表明，该硐室的围岩松动圈较大，且顶板的松动范围最大，为 1.60～1.68m，右帮次之，为 1.35～1.48m，左帮相对较小，为 1.26～1.49m。

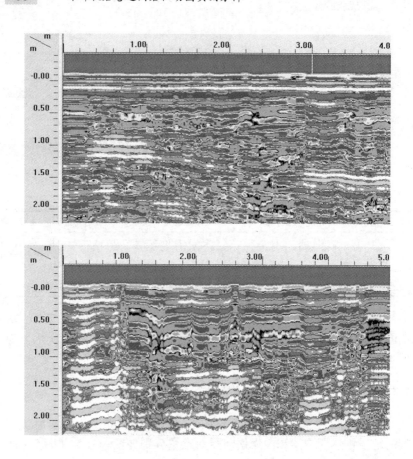

图 5-15   -700m 水平皮带石门围岩地质雷达探测图

断面 1   断面 2   断面 3

图 5-16   -700m 水平皮带石门围岩松动圈形状图

5.9　深部软岩巷道围岩松动圈实测结论

通过对该煤矿 -700m 水平中央水泵房、中央变电所、回风石门、轨道石门和皮带石门的围岩松动圈进行地质雷达实测分析，得到的各巷道围岩的松动圈最大值列于表 5 -7 中。

表 5 -7　-700m 水平各巷道围岩松动圈最大值

巷道名称	顶板最大值/m	左帮最大值/m	右帮最大值/m
中央水泵房	1. 69	1. 47	1. 39
中央变电所	1. 71	1. 47	1. 43
回风石门	1. 65	1. 50	1. 43
轨道石门	1. 71	1. 43	1. 44
皮带石门	1. 68	1. 49	1. 48

实测结果表明，本次实测的这些巷道与硐室的松动圈均较大，且顶板松动范围最大，为 1. 60 ~ 1. 70m，两帮的松动范围相对较小，为 1. 30 ~ 1. 50m。所得的巷道围岩松动圈实测结果可以指导巷道围岩支护选型和支护参数的确定。

6 深部软岩巷道围岩稳定性控制技术

该煤矿-700m水平的很多大型硐室和巷道均处于极软弱地层中，岩层中含有大量的珍珠陶土等膨胀性矿物，其主要特征是岩性软弱、松散、破碎，且软化现象和节理化现象显著，使得巷道围岩力学特性显著降低和弱化，并伴随碎胀变形和膨胀变形，从而无法实施有效的主动支护等加强支护手段，不能形成稳定可靠的主动支护结构，加剧了巷道后期的变形破坏。之前，已施工的中央变电所、中央水泵房等均采用了锚-网-索-喷支护，但在施工-700m水平回风石门、轨道石门、皮带石门这三条跨采石门时，中央变电所、中央水泵房等硐室发生了较严重的变形和破坏。虽然采用全断面锚索进行了加强支护，但由于巷道围岩已严重松动，硐室整体稳定性较差，未能有效控制住巷道围岩的变形和破坏，且变形仍在加剧，出现了严重的喷层开裂、片帮、冒落和底臌等破坏现象。由于底臌，中央变电所内的高压开关柜严重倾斜。中央水泵房内40b工字钢设备起吊梁产生弯曲变形，且随着时间的推移，变形仍在加剧，已经不能使用。这些巷道和硐室的变形破坏已严重影响了矿井的安全生产。因此，应及时采取积极有效的加固措施，保证支护结构的后期稳定。对于这类断面基本满足要求，且已发生一定变形的硐室，应充分利用现有支护结构的特点，采取适当的补强和增强支护措施，改善支护结构的承载特性，实现主动支护。

针对该煤矿深部复杂软岩巷道存在的支护与加固问题，通过巷道变形破坏特征分析、围岩岩性物相分析、原岩应力实测分析、巷道变形破坏机理分析、围岩松动圈地质雷达实测分析等，并结合国内外不同矿山深部软岩巷道围岩稳定控制技术，提出了该煤矿深部复杂软岩巷道的稳定性控制技术。

技术方案基于锚喷、锚索和锚注的支护机理，结合巷道围岩动态变形特征，适时采用锚喷、锚索和锚注支护，形成"三锚"支护结构和"长短锚"支护结构，实现动态叠加支护结构形式，使巷道围岩与支护结构在支护强度、支护刚度和变形等方面相耦合，进而保证围岩和支护结构的共同稳定[111~116]。通过注浆锚杆注浆可以提高巷道围岩自身的力学特性，强化岩体的整体性，并使原锚杆和锚索的支护性能大大提高；通过注浆和锚杆加固后，原喷层与经注浆加固后的围岩结合为一体，二者实现共同作用、协调变形，扩大了参与支护形成结构效应的围岩范围，提高了支护结构的整体性。加固支护中的高性能锚杆的组合拱作用、预应力锚索的减跨作用和增强铰支座作用，有效改善了支护结构的受力状态，将结构由原来的抗弯和抗拉状态转化为抗压状态，从而显著提高了复合支护结构的承载和抵抗变形的能力。

6.1 深部软岩巷道围岩支护特点

软岩巷道支护是一个十分复杂的问题，必须针对不同的软岩变形力学机制采取不同的支护措施，真正做到对症下药，才能实现软岩工程与支护的稳定[117]。同时，软岩巷道支护还是一个过程支护，不可能一蹴而就，需要采取一系列切实有效的支护措施才能保证软岩巷道围岩的长期稳定。

（1）当巷道埋深不大、构造应力较小、地应力不大时，巷道压力主要来自于围岩的碎胀变形压力，针对这种情况，应采用合理的支护方式和足够的支护强度，一次支护到位，及时给围岩提供足够的支护抗力，以减小碎胀压力，保持巷道围岩的稳定[118]。

（2）深埋软岩巷道地压大、来压快、变形大、变形持续时间长，因而软岩巷道的支护形式必须适应这些特点，可采用先柔后刚或二次支护甚至多次支护的原则，支护形式应首先具有一定的让压作用，即柔性支护（或可缩性支护），后期要有足够的刚度，以防止软岩无限制地变形，防止巷道断面缩小到不能使用的地步。

（3）由于软岩具有易风化、遇水膨胀等特性，因此，软岩巷道开挖后，要避免环境因素的影响，应及时封闭围岩，尽量保持围岩的原始特点，一般应及时喷射混凝土，既能防止围岩风化、吸潮，同时又能提供一定的初撑力，以防止围岩松动，保证巷道围岩的安全[119]。

（4）软岩巷道的地压特性是四周来压，不仅有顶压、侧压，还有底压，软岩巷道往往出现一定量的底臌，因此，对于软岩巷道，不仅要加强顶板和两帮的支护，还要加强对巷道底板的支护，防止底臌。

（5）软岩巷道围岩自承能力差，而大部分上覆岩层的压力要由巷道围岩来承受，只有一小部分（约 1% ~ 2%）由支护体系承担，因此，必须加强软岩自身的承载能力，可通过岩体注浆加固或锚喷支护等来实现，特别是对于多次修复的巷道，围岩松动范围极大，承载能力极低，尤其应提高围岩的岩体强度，进而提高其自身承载能力[120~123]。

综上所述，在进行软岩巷道支护方案设计时，应充分考虑软岩巷道支护的这些特点，从而保证支护方案的可行性和有效性。

6.2   深部软岩巷道围岩支护原则

考虑到复杂地质与工程条件下深部软岩巷道围岩的特征以及不同支护结构的作用特性，提出应从巷道围岩稳定性的控制原则出发，以积极主动的支护方式为主体支护形式，实现对巷道围岩变形的有效控制[124,125]。

（1）工程优化原则。软岩巷道工程支护应首先遵循工程优化原则，该原则包括：

1）巷道方向优化原则。对于工程地质条件复杂的矿井和构造应力场明显的矿井，在决定井巷方向时应避免使过多井巷垂直于较大应力方向，以避免井巷失稳，遭受破坏，必要时可改变开采工艺。

2）巷道空间位置优化原则。软岩矿井所处的地层并非所有岩层都软，应尽量选择软中之硬者，将主要巷道布置在其中，以使巷道稳定性好、工程造价低。

3）巷道断面优化原则。选定的巷道几何形状要与支护结构配套。巷道几何形状的确定既要满足工艺上的要求，又要造价低廉，还要与支护结构配套，避免功能重叠而增加造价。同时，合理的断面形状能够充分发挥围岩的自承能力和力学强度，从而降低支护的难度。

（2）对症下药原则。因为没有包治百病的巷道支护方法，所以，软岩巷道支护要对症下药。软岩多种多样，即使宏观地质特点类似的软岩，微观上也千差万别，从而使得软岩的复合型变形力学机制类型也多种多样。不同的变形力学机制，软岩工程的变形和破坏状况不同，对应的支护对策也不同。只有正确地确定软岩的变形力学机制，找出造成软岩巷道变形破坏的病因，才能通过对症下药的支护措施达到软岩巷道支护稳定的目的。

（3）过程原则。软岩巷道支护是一个过程，不可能一蹴而就。究其本质原因，软岩工程的变形与破坏具有复合型变形力学机制的综合症和并发症，要对软岩工程稳定性实行有效控制，必须有一个从复合型向单一型的转化过程，这一过程的完成是要通过一系列对症下药的支护措施来实现的。

（4）塑性圈原则。深部软岩巷道支护允许出现塑性圈，同时，也必须有控制地产生一个合理厚度的塑性圈，以最大限度地释放围岩的变形能，减小应力集中程度，改善围岩的承载状态。

（5）整体性原则。整体性原则就是使支护结构与巷道围岩实现共同作用，保证所有锚杆均能发挥可靠的锚固作用，且与锚杆控制范围内的围岩形成一个整体，从而使支护结构与巷道围岩形成的复合体发挥协同作用，表现出较大的刚度和较强的抵抗变形的能力。

（6）结构性原则。结构性原则就是从支护结构与巷道围岩共同作用形成的复合结构中的应力状态出发，通过加强锚固或增强锚固深度，改善支护结构中关键部位的应力状态，保证支护结构整体应力状态的均衡，避免因局部应力集中引起支护结构局部失稳而破坏，从而导致支护结构的整体失稳。

（7）全面性原则。全面性原则就是不仅要加强巷道顶帮的支护，而且还要加强巷道底角和底板围岩的支护，形成全断面支护结构，以有效地控制底角变形和底臌引起的支护结构顶帮的失稳，从而避免出现支护结构整体失稳破坏[126]。

（8）有效性原则。有效性原则就是根据破碎围岩锚固及注浆后的力学特征进行支护结构参数的设计，保证形成的支护结构具有较大的刚度和较强的承载能力，满足有效抵抗静动压作用下巷道围岩碎胀变形和蠕变变形的要求。

（9）时效性原则。时效性原则就是要充分考虑复杂条件下破碎围岩锚固及注浆加固后存在的流变效应，即采用支护体的长时强度，避免支护体在静动压作用下进入屈服状态，从而导致支护结构不能满足长期稳定的需要。

为达到以上原则要求，就需要根据不同围岩条件和不同工程条件，采取合理的控制技术，以实现对复杂条件下巷道围岩大变形的有效控制。

6.3　深部软岩巷道围岩主要支护技术

针对复杂条件下深部巷道的不同围岩条件和工程条件，提出了高性能支护技术，整体让、抗压支护技术，软弱围岩整体转化技术以及"三锚"动态叠加支护技术等围岩稳定性控制技术[127]。

（1）高性能支护技术。根据组合梁理论、悬吊理论等锚杆支护理论，采用高强度、高刚度和高预应力锚杆（索）配合金属网、钢带（钢筋梯）组成锚网支护结构，实现对巷道顶板和两帮围岩强力有效的控制，属于一次性强支护结构形式[128]。一般采用高性能单向左旋无纵筋螺纹钢制作锚杆，直径为 20～24mm，长度为 2000～3000mm，极限承载力为 150～300kN，预应力达 60～80kN，间排距为 600～1000mm；锚索主要采用直径为 15.24mm 或 17.8mm 的钢绞线制作，长度为 5000～8000mm，间排距为 1600～2400mm，设计承载力为 150kN，预应力达 80～120kN；同时，采用 8 号或 10 号铁丝编制的经纬网和 W 钢带或钢筋梯等组成锚网（索）联合支护结构。要求巷道开挖后及时实施锚网成套支护，以形成对巷道顶、帮围岩的有效控制，避免围岩的弱化，实现积极主动的支护。

（2）整体让、抗压支护技术。对于高应力软岩地层中服务年限较长的运输巷道、交叉点等工程，当一次高性能支护结构无法满足围岩中的高应力和大变形要求时，初次支护往往采用锚喷柔性支护结构。巷道断面预留一定的围岩变形量，围岩松动圈向深部逐渐发展过程中产生的较大碎胀力使支护结构与巷道围岩整体产生一定的变形甚至破坏，继而围岩中的表面集中应力逐步向围岩深部转移，实现结构性让压；但巷道表层围岩体在变形让压的过程中力学性能进一步弱化，更深部围岩的支护力也明显下降，从而导致支护结构的整体失稳。因此，必须适时实施二次支护，以形成承载力高、抗变形能力好的复合支护结构，从而使巷道围岩得到有效控制，实现巷道支护结构和深部围岩的共同作用，发挥破裂岩体的应力强化特性和注浆加锚岩体的弹塑性特性，组成复合关键承载圈，从而保证围岩和支护结构的整体稳定，达到控制巷道围岩稳定的目的[129]。二次支护主要采用可靠的锚固技术、围岩注浆技术及高性能预应力锚索技术来实现。

（3）软弱围岩整体转化技术。巷道围岩塑性区范围较大，特别是处于破碎区内的围岩大部分处于破碎状态，整体性和自稳性较差，即使与锚杆等组合也无法形成有效的支护体[130]。

针对复杂条件下巷道围岩存在的松散、软弱的特性，采用锚固和注浆相结合的方法，共同对松散软弱围岩进行加固与支护，形成复合锚固承载拱结构，其作用范围可达 $3 \sim 5m$，远超过常规锚喷支护形成的 $0.5 \sim 1.0m$ 的组合拱结构，从而将巷道围岩由破坏后的峰后软化和残余变形状态转化为再生承载结构中的峰前弹性状态，进而对更深部的较完整岩体或破裂岩体形成有效的约束作用，并提供较强的支护力，使深部围岩处于较高的三向应力状态，最终控制巷道围岩塑性区的发展。巷道围岩表现出较高的承载能力和应力强化特性，形成有效控制围岩变形的关键承载圈，围岩与支护整体表现出弹塑性特征和应力强化特征，进而满足复杂条件下巷道围岩大变形稳定性控制的要求。

（4）"三锚"动态叠加支护技术。上述不同支护技术在解决不同地层和不同类型的巷道稳定控制问题时均取得了一定的效果，但对于极复杂条件下巷道围岩大变形的控制效果还是很有限的，甚至出现了失效的情况。研究表明，上述不同技术的适用条件存在一定的局限性，通过将不同的技术进行综合运用，可以获得较好的效果，从而形成满足巷道围岩大变形要求的"三锚"动态叠加支护技术。该技术的应用前提是，必须把实施该支护技术的巷道围岩的特性及变形失稳机理弄清楚，然后选择合理的初次支护结构，并加强支护监测和预测，进而确定二次支护或加固支护方式及最佳时机，以达到最好的围岩控制效果[131,132]。

　　该煤矿的深部复杂软岩巷道具有大变形和难支护的特点，因此，基于以上支护原则和支护技术，提出了具体的巷道围岩稳定性控制技术方案和支护参数，充分运用了锚喷、锚索和锚注支护相结合的"三锚"动态叠加支护技术，并根据巷道围岩稳定的特点，适时实施不同的支护措施。

6.4　深部软岩巷道围岩加固技术方案

　　针对该煤矿深部复杂软岩巷道的变形破坏特征、围岩岩性特征、地应力特征、围岩松动圈发育特征以及围岩变形破坏机理，研究决定采用以锚注支护为核心的支护体系。在确定软岩巷道加固技术方案时，一方面要保证足够的巷道断面，以满足后期生产的通风和运输等要求，并保证巷道加固修复后的长期稳定，另一方面还要尽量降低加固成本。

6.4.1　-700m水平中央水泵房围岩加固技术方案

　　中央水泵房硐室是井下的排水中心，一旦发生破坏，不但会使井下排水系统完全瘫痪，而且随着应力的转移，将会严重影响整个硐室的安全与稳定。现场调查结果表明，-700m水平中央水泵房位于季庄断层附近，受季庄断层的影响，构造残余应力较大，深部垂直应力也很大，岩石应力超出了硐室围岩稳定的要求，岩石强度低，自身承载能力差，抗干扰能力也差，流变时间长，节理发育，从而导致软岩发生流变变形。围岩含有大量膨胀性黏土矿物，易风化潮解，水稳定性差，巷道围岩吸水风化，有很强的膨胀性，巷道开挖后，围岩易吸水风化而使其强度迅速下降，受围岩的膨胀应力作用，硐室支护难度大。泵房施工完后，周围的变电所、管子道、吸水井、配水巷、皮带暗斜井下部平巷段、煤仓、-700m水平皮带石门、轨道石门等工程均未施工完毕，这些工程的爆破开挖，导致了应力重新分布，中央水泵房硐室被多次扰动，变形进一步加大。-700m水平三个石门施工后，中央水泵房出现了变形破坏，两帮内挤严重，10根起重梁中有五根严重弯曲，巷道顶部被挤坏。由于底臌，泵基础已无法使用。

中央水泵房是矿井的核心工程，泵房不能使用将会造成矿井的全面停产，因此，泵房加固必须保证安全、可靠、长期稳定。中央水泵房硐室的两帮和顶拱曾进行过锚索加强支护，断面基本满足使用要求。因此，决定在硐室两帮和拱顶采用锚索锚注联合加固方法对硐室围岩实施加固支护；对于底板，在泵基础两侧采用抗让结合的加固方案，即在底板泵基础两侧及泵基础之间设置一层炉渣混凝土让压层，再浇筑一层混凝土抗压层进行加固，以保证底板的长期稳定。具体的加固技术方案如图6-1~图6-3所示。

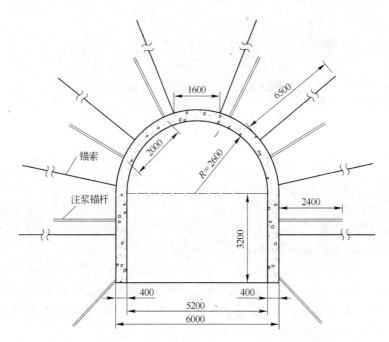

图6-1   -700m水平中央水泵房拱帮锚索锚注加固方案

（1）对于巷道两帮和顶拱破坏剥离部分，用手镐或风镐去掉松块后喷射混凝土，封闭巷道围岩。

（2）中央水泵房的顶拱和两帮采用锚索和锚注联合加固技术。锚索直径为17.8mm，长度为6500mm，间排距为1600mm×1600mm；

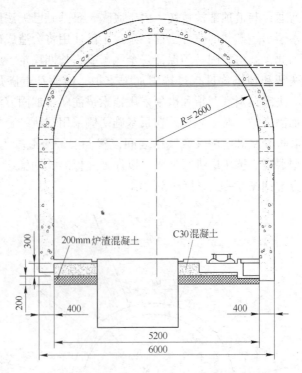

图 6 – 2 – 700m 水平中央水泵房泵基础两侧底板加固方案

注浆锚杆选用高强注浆锚杆，注浆锚杆的直径为 25mm，长度为 2400mm，间排距为 2000mm × 2000mm。

（3）中央水泵房底板采用抗让结合的支护方式[133~137]。底板按设计要求起底后，在水泵基础两侧及两水泵基础之间的底板浇筑 200mm 厚炉渣混凝土，以缓冲底板来压。再在炉渣混凝土充填的基础上浇筑 300mm 厚的 C30 素混凝土，作为泵房地坪。

（4）锚注支护注浆材料及参数：

1）注浆锚杆。注浆锚杆采用高压注浆锚杆，如图 6 – 4 所示。注浆锚杆的直径为 25mm，长度为 2400mm，间排距为 2000mm × 2000mm。在巷道底角处，自底板起 200mm 打底角注浆锚杆，底角锚杆的排距为 1000mm，底角注浆锚杆的角度为 45°，使浆液尽量向底板方向渗透。

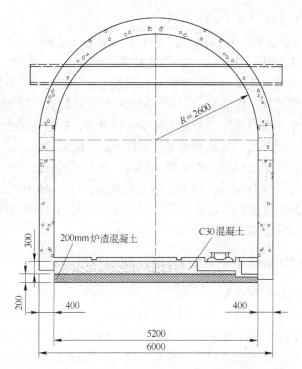

图 6-3 -700m 水平中央水泵房泵基础之间底板加固方案

图 6-4 高压注浆锚杆

2）注浆材料。注浆材料可采用单液水泥浆，水泥浆液成本低、强度高。单液水泥浆要严格控制水灰比，以防过多水分渗透到围岩中。水泥选用 P. O 42.5 普通硅酸盐水泥，水灰比为 0.5，添加 2% 的高效早强减水剂，减水剂可选用 FDN 型高效早强减水剂，此高效早强减水剂的减水率可达 20%～30%，3d 强度可达设计强度的 70%，

28d 强度可提高 15% ~40% 。

3）注浆参数。巷道围岩注浆压力一般为 2.0MPa，最大注浆压力不超过 2.5MPa。压力稳定即停止注浆。

在对中央水泵房的顶拱和两帮加固施工前，应先对已开裂硐室表面进行喷浆处理，即先喷一层 30 ~40mm 厚的混凝土，封闭硐室表面裂隙，防止注浆时跑浆。硐室全部喷浆结束后，打锚杆并注浆，注浆时自硐室一侧开始，按从两墙至拱顶自下而上的顺序施工，先注下部再注上部，使浆液尽量向硐室底部扩散。在不同的巷道断面上采用隔排注浆的方式进行注浆，即先注单号孔断面，注 5 ~6 排后再返回来注双号孔断面。这样，后注浆孔可对已注浆孔起到复注的目的，从而达到最佳的注浆效果。

6.4.2 －700m 水平中央变电所围岩加固技术方案

中央变电所硐室是井下的电力中心，一旦发生破坏，不但会使井下电力系统完全瘫痪，而且随着应力的转移，将会严重影响整个硐室的安全与稳定。现场调查情况表明， －700m 水平中央变电所在施工完成后，周围的水仓入口、变电所通道、回风石门、轨道石门和皮带石门等工程均未完工，这些工程的爆破开挖导致围岩应力重新分布，中央变电所围岩被多次扰动，围岩变形逐渐增大，虽然采取了锚索加强支护，但中央变电所硐室仍发生了较为严重的开裂和片帮，锚索加强支护未能有效阻止巷道围岩的变形，还有进一步加剧的趋势。硐室底臌现象严重，已进行过几次起底施工，但该硐室仍不稳定，高压开关柜倾斜，以致无法使用。为此，必须对原有的锚－网－索－喷支护方式采取进一步的加强支护措施，以保证中央变电所硐室的长期稳定。

中央变电所硐室的顶拱和两帮已进行过锚索加强支护，硐室断面基本满足使用要求，但底臌变形严重。为了保证中央变电所硐室的安全、可靠和长期稳定，研究决定在该硐室的两帮墙及拱顶采用直径为 17.8mm 的锚索与锚注联合加固技术方案，而在底板则采用抗让结合的加固方案，在底板设置一层让压层，再进行反底拱锚梁加固，以保证底板的长期稳定。 －700m 水平中央变电所的加固支护方案如图 6－5 和图 6－6 所示。

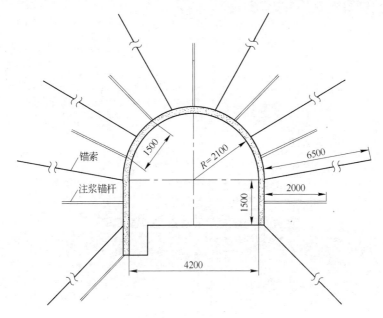

图 6 - 5　-700m 水平中央变电所拱帮锚索加固方案

（1）锚索选用直径为 17.8mm 的钢绞线制作，锚索的长度为 6500mm，间距为 1500mm，排距为 2000mm。

（2）在两排锚索中间位置设一排注浆锚杆，注浆锚杆选用直径为 25mm、长度为 2000mm 的高强注浆锚杆，注浆锚杆的间排距为 1500mm × 2000mm。

（3）-700m 水平中央变电所的底板采用锚梁反底拱加缓冲层的联合加固方式。首先，按设计要求分段进行底板起底，然后，铺设 18 号槽钢梁，槽钢梁的排距为 2000mm，每根槽钢梁上均匀布置 5 根螺纹钢锚杆，对槽钢梁进行固定，形成锚梁，锚杆的直径为 20mm，长度为 1600mm，每根锚杆用一个树脂锚固剂锚固。在锚梁加固的基础上再采用抗让结合的支护结构，即在锚梁之上浇筑 300mm 厚炉渣混凝土，以缓冲底板来压，再在炉渣混凝土充填的基础上浇筑毛石混凝土，最后在毛石混凝土上方浇筑 200mm 厚 C30 素混凝土，直至中央变电所设计地坪标高。

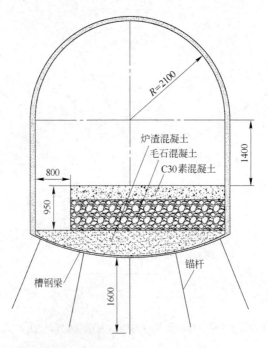

图 6 - 6　-700m 水平中央变电所底板加固方案

6.4.3　-700m 水平回风石门、轨道石门和皮带石门围岩加固技术方案

　　-700m 水平回风石门、轨道石门和皮带石门均穿过季庄断层破碎带，由于受断层的影响，巷道围岩十分破碎，围岩岩性主要为泥岩。这些巷道施工后不久就出现了明显的拱顶开裂现象，并伴有较严重的底臌。为了保证这三条巷道的长期稳定，研究决定采用锚索、锚梁与锚注相结合的联合支护方式进行加固治理。

6.4.3.1　巷道拱顶和两帮加固技术方案

　　-700m 水平回风石门、轨道石门和皮带石门的拱顶和两帮采用锚索和锚注联合加固方案。锚索的直径为 17.8mm，锚索长 6500mm，排距为 1600mm，沿巷道轴向，两排锚索用 T 形钢带连接起来，形成组合锚索梁；注浆锚杆选用高强注浆锚杆，注浆锚杆的直径为25mm，长度为 2200mm，排距为 1600mm，沿巷道轴向与锚索隔排布置。锚索和注浆锚杆的布置方式分别如图6-7~图6-12所示。

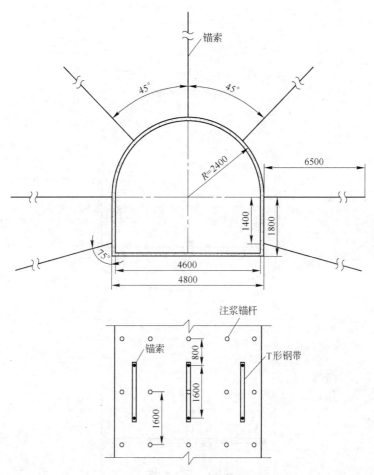

图6-7 -700m水平回风石门顶拱和两帮加固方案

6.4.3.2 巷道底板加固技术方案

针对三条巷道底臌均较严重的情况,研究决定采用锚杆、槽钢梁、锚注联合加固治理方案,具体技术方案如下:

(1) 按设计要求对巷道底板进行起底施工。

(2) 在巷道底板铺设18号槽钢梁,槽钢梁的排距为1600mm,

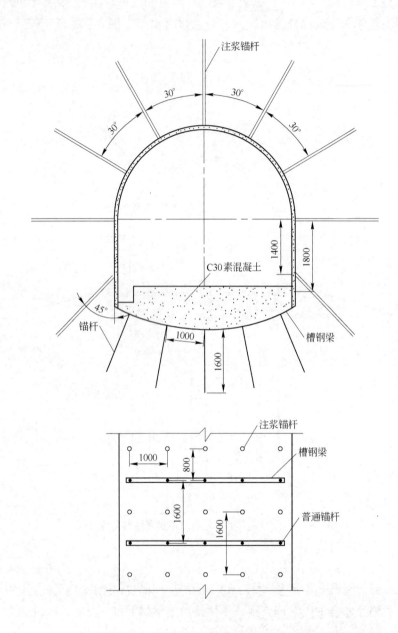

图 6-8   -700m 水平回风石门底板加固方案

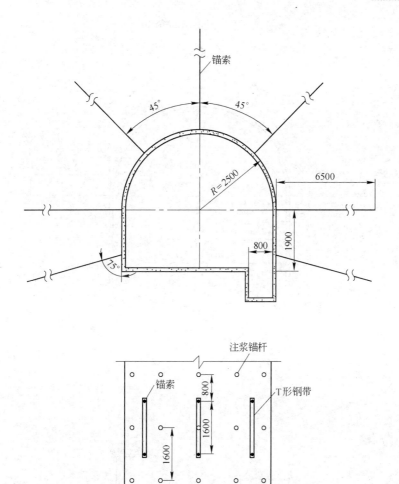

图 6 - 9   -700m 水平轨道石门顶拱和两帮加固方案

每根槽钢梁由 5 根普通锚杆固定，形成底板锚杆梁结构。锚杆的直径为 20mm，长度为 1600mm，间排距为 1000mm×1600mm。

（3）在锚杆梁上浇筑 C30 素混凝土至巷道底板设计标高。

（4）在巷道底板上布置注浆锚杆，注浆锚杆的直径为 25mm，长度为 1400mm，间排距为 1000mm×1600mm。注浆锚杆与底板普通锚

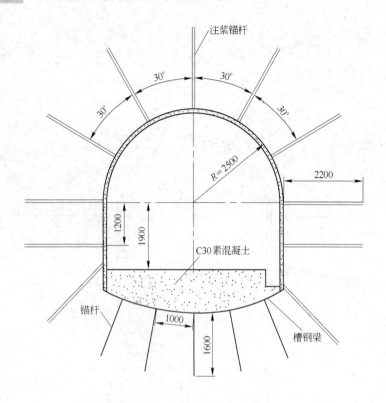

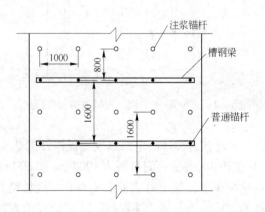

图 6-10   -700m 水平轨道石门底板加固方案

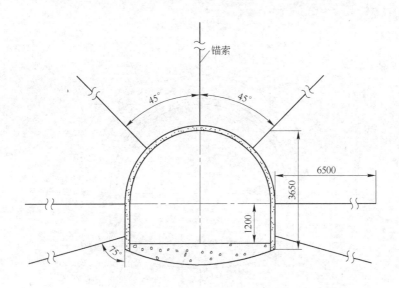

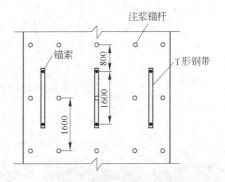

图 6-11 -700m 水平皮带石门顶拱和两帮加固方案

杆隔排布置,从而使锚杆的总间排距为 1000mm × 800mm。

(5) 通过注浆锚杆对巷道底板进行注浆加固。

6.4.4 -700m 水平回风石门与皮带石门立交重叠段加固技术方案

-700m 水平回风石门与皮带石门立交重叠情况如图 6-13 所示,皮带石门位于回风石门之上,两巷道的重叠距离约为 26.1m,且皮带

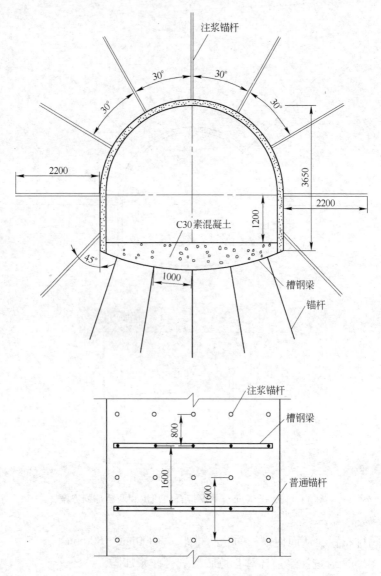

注浆锚杆

30° 30°

30° 30°

2200

3650

2200

C30素混凝土

1200

45°

1000

槽钢梁

锚杆

注浆锚杆

800

槽钢梁

1600

1600

普通锚杆

图 6 – 12　– 700m 水平皮带石门底板加固方案

石门底板与回风石门顶板保护岩柱只有 4～6m，而且，此处岩层以泥岩和粉砂岩为主，岩性松软。在两巷道施工期间，受爆破震动的影响，巷道围岩已严重松动，回风石门顶板淋水明显，如不尽快妥善处理，极有可能发生顶板垮塌事故。因此，必须对 −700m 水平皮带石门底板和回风石门顶板进行加强支护，以确保两条巷道的稳定和矿井的生产安全。

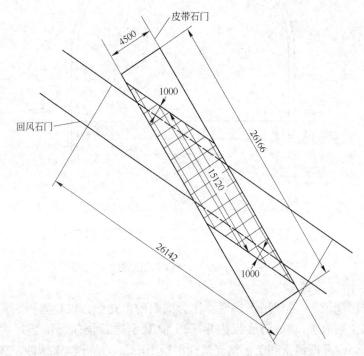

图 6 − 13 回风石门与皮带石门立交重叠段示意图

为了确保回风石门与皮带石门立交重叠段的长期稳定，研究决定采用对穿锚索、U25 钢锚架和锚注相结合的加固支护方案。具体加固技术方案如图 6 − 14 和图 6 − 15 所示。

（1）对穿锚索。在回风石门与皮带石门立交重叠段及两端外延5m 范围内实施对穿锚索加固，锚索采用直径为 17.8mm 的钢绞线制作，锚索长度视两巷道重叠段围岩厚度而定，一般长度为 5~7m。锚索两端分别在两条巷道内索紧固定，并施加 150kN 的锚索预紧力，锚索间排距为 2000mm × 2000mm。皮带石门沿巷道轴线方向在两巷道

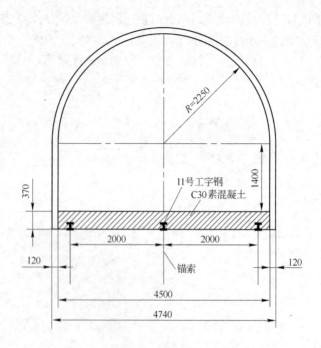

图 6-14 立体重叠段皮带石门底板加固方案

重叠段铺设 11 号矿用工字钢，作为锚索的上托盘，以拉紧围岩。锚索张拉后在皮带石门底板内用 C30 混凝土进行浇筑，浇筑厚度为 370mm，并把锚索和工字钢浇筑在混凝土中，以防止锚索锈蚀及底板渗水。

（2）U25 钢锚架。在回风石门实施 U25 钢棚锚架支护，U25 钢棚的棚距为 1000mm，在回风石门与皮带石门立交重叠段以及两端外延 5m 范围内布设。每架 U25 钢棚用 5 组 10 根锚杆固定在巷道围岩中，形成锚架结构，即在 U25 钢棚的两腿中部、两肩窝上部和顶拱中部各布置 1 组 2 根锚杆，并用型钢卡子将锚杆与型钢棚固定在巷道围岩中。锚杆为直径 20mm、长 2200mm 的螺纹钢锚杆。

（3）对穿锚索和钢棚锚架支护施工完成后，在回风石门进行喷射混凝土支护，喷层厚度为 50mm，喷层强度为 C20。

（4）注浆。在回风石门布设注浆锚杆，注浆锚杆的直径为

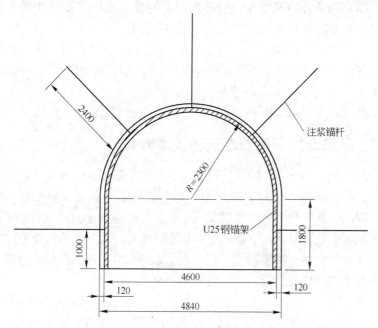

图 6 – 15   立体重叠段回风石门顶板和两帮加固方案

25mm，长度为 2400mm，排距为 2000mm，间距如图 6 – 15 所示。注浆材料为玛丽散化学浆液，注浆压力为 3.5 ~ 4MPa。

巷道围岩注浆施工时应注意以下几点：

（1）为防止巷道注浆时跑浆，在注浆施工前，应对巷道围岩进行喷射混凝土处理，喷层厚度为 50mm。

（2）采用控压注浆方式，根据巷道注浆变化情况，及时开、停注浆泵，并时刻注意观察注浆泵的注浆压力，以免发生堵塞崩管现象。

（3）密切注意前方注浆情况，及时发现漏浆、堵管等事故，并掌握好注浆量和注浆压力，及时拆除和清洗注浆阀门。

（4）注浆过程中如果出现堵管情况，应及时清理注浆软管和注浆泵，此时，若注浆泵的压力表显示有压力，则应先卸压，然后再拆下各接头进行处理。

(5) 为保证注浆效果，待注浆引起的排气完毕后要用快硬水泥封闭止浆塞以外的钻孔，以保证达到注浆压力。

(6) 注浆时应采用自下而上，左右顺序作业的注浆方式，每断面锚杆自下而上注浆，即先注底角锚杆，再注两帮锚杆，最后注拱顶锚杆。

(7) 注浆结束 24h 后，再上托盘，并紧固螺母。

6.5   深部新掘巷道围岩支护技术方案

该煤矿 –700m 水平回风石门、皮带石门和轨道石门多处位于泥岩及其他岩层构造带和破碎带中，其主要特征是巷道围岩松散、破碎、软弱，且软化现象和节理化现象显著，使得巷道围岩力学特性显著降低或弱化，并伴随有碎胀变形和膨胀变形，从而无法实施有效的主动支护等加强支护手段，不能形成稳定可靠的主动支护结构，加剧了巷道围岩后期的变形破坏，支护十分困难。

对于以发挥巷道围岩自身承载能力为主要特征的锚喷支护等积极主动的支护方式来说，围岩的碎胀性和高膨胀性极易使巷道一次锚喷支护中的部分锚杆被挤出而失效，不能形成完整的支护结构，从而造成巷道围岩发生失稳垮塌，不能满足巷道围岩长期稳定性的要求。

对于后期新掘巷道段，为了避免出现已掘巷道段的变形破坏情况，并保持其长期稳定，设计采用扩大巷道掘进断面，进行锚 – 网 – 索 – 梁 – 喷初次支护，并适时实施二次锚注加固支护的技术方案。此方案可防止巷道围岩特性的劣化，使得巷道围岩单位体积岩体中的锚杆密度显著增加，并通过注浆实现锚杆的全长锚固，提高了锚固结构的可靠性和整体性，从而有效地控制深部软弱地层中巷道顶拱和两帮的大变形效应，保证巷道围岩的长期稳定。

为了控制深部新掘巷道围岩的稳定，首先，巷道掘进时沿设计断面周边均扩大 100mm，然后进行锚 – 网 – 索 – 梁 – 喷初次支护，同时，每施工 50m 新巷道布设一个巷道围岩收敛变形观测点，并进行常规监测，如测得的巷道围岩变形过大或变形速度过快，则采用注浆锚杆进行二次锚注支护。一般来说，二次锚注支护的时间控制在巷道初次支护完成后 1 个月左右进行。

6.5.1 新掘巷道的初次支护

新掘巷道的初次锚 – 网 – 索 – 梁 – 喷支护结构如图 6 – 16 所示。

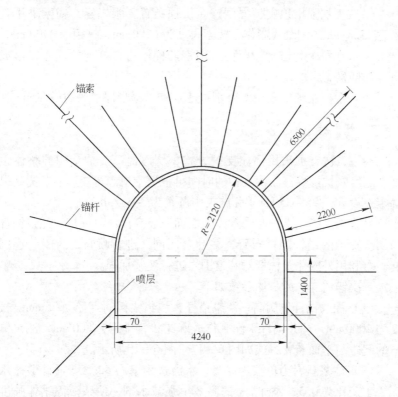

图 6 – 16 新掘巷道的初次锚 – 网 – 索 – 梁 – 喷支护方案

新掘巷道初次锚 – 网 – 索 – 梁 – 喷支护的具体参数如下：

（1）锚杆采用单向左旋无纵筋螺纹钢锚杆，锚杆的直径为 20mm，长度为 2200mm，间排距为 800mm × 800mm，锚杆孔直径为 28mm。每根锚杆采用 1 卷中速 2350 型和 1 卷快速 2350 型树脂锚固剂端头锚固，锚固长度不少于 800mm，锚固力大于 80kN，预紧力不低于 40kN。在巷道断面的两底角处均设置底角锚杆，底角锚杆的角度为 45°，排距为 800mm。

（2）金属网采用 6 号或 8 号铁丝编织的经纬网，规格为 1500mm × 2500mm，网格为 50mm × 50mm，网与网的搭接长度不少于 50mm，搭接处采用 6 号铁丝绑扎，绑扎点间隔不超过 150mm。

（3）为加强拱顶支护强度，在拱顶布置 3 根锚索，锚索采用直径为 17.8mm 的钢绞线制作，锚索长度为 6500mm，排距为 2400mm。

（4）在每个巷道支护断面，用钢筋梯梁将锚杆连接起来，形成组合锚杆梁。

（5）混凝土喷层采用 C20 混凝土，初次喷层厚度为 70 ~ 80mm。

6.5.2　新掘巷道的二次支护

巷道二次支护采用锚注支护方式，从而提高支护结构的整体强度、刚度及抗渗性。二次支护的时间可根据巷道围岩变形的监测结果确定，设计为 25 ~ 35d，实际施工中调整为 20 ~ 25d。

实施二次锚注支护时，首先全断面安装高压注浆锚杆，注浆锚杆与初次支护的锚杆隔排布置，并铺金属网，进行喷浆，封闭巷道围岩，再利用外露注浆锚杆对巷道围岩进行注浆加固。

二次锚注支护的具体参数如下：

（1）注浆锚杆选用高强注浆锚杆，注浆锚杆的直径为 25mm，长度为 2000mm，注浆锚杆末端制作成麻花状，排距为 800mm，注浆锚杆的间距与平面布置方式如图 6 - 17 ~ 图 6 - 19 所示。

（2）注浆材料为单液水泥浆，水泥选用 P. O 42.5 普通硅酸盐水泥，水灰比为 0.5，添加 2% 的高效早强减水剂，使浆液固结体强度达到 20MPa 以上，可显著提高加固结构的承载能力。注浆压力控制在 2.0MPa 左右，最大不超过 2.5MPa，以防止出现因注浆压力过大造成的初次喷层开裂现象。

对巷道围岩实施二次锚注支护后再进行后续混凝土复喷工作。复喷混凝土可滞后一定时间进行，可在巷道围岩锚注加固施工 250 ~ 300m 后分段进行。复喷混凝土的强度不低于 C20，使喷层总厚度达到 120mm，可在喷射混凝土中掺加高效减水剂，以提高喷层强度和抗渗性。

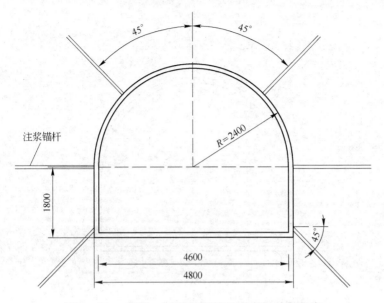

图 6 - 17   -700m 水平回风石门二次锚注支护方案

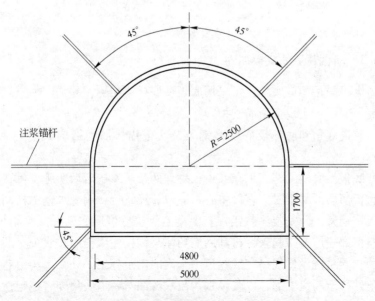

图 6 - 18   -700m 水平轨道石门二次锚注支护方案

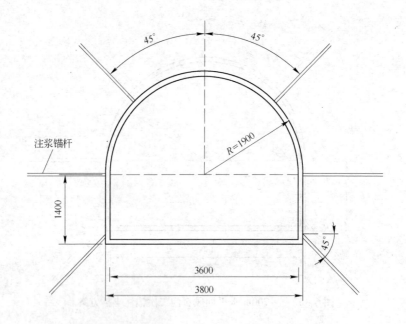

图 6 - 19   -700m 水平皮带石门二次锚注支护方案

6.5.3   新掘巷道的底板加固

为了防止巷道底臌，可采用底板反底拱梁结构，并锚注加固底角和底板岩层，实现全断面支护。

巷道底角和底板反底拱槽钢梁及底板锚注加固结构如图 6 - 20 所示。

底板反底拱的施工可在巷道顶拱和两帮基本稳定后实施，可在浇筑底板面层混凝土时，直接将底板做成弧形结构，用螺纹钢锚杆固定底板槽钢梁，并安装注浆锚杆。混凝土浇筑后可形成反底拱梁结构，并与帮部喷层连接起来，再利用底角注浆锚杆注浆锚固，实现全断面支护。同时按设计规格完成巷道中水沟的砌筑施工，并将水沟由巷道底角处移至巷道中部，以减轻水沟流水渗漏对巷道底角围岩稳定性的影响。

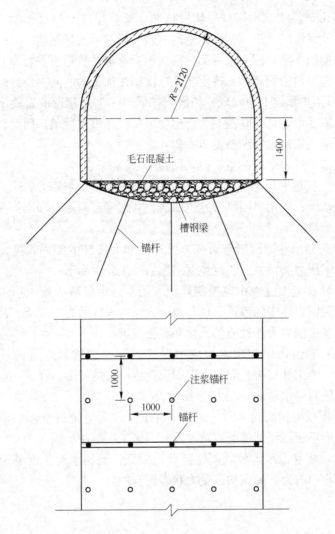

图6-20　巷道底角和底板反底拱槽钢梁及底板锚注加固方案

6.5.4　新掘巷道支护的施工要求

一般采用钻爆法掘进形成巷道断面，当巷道围岩极软弱时，可采用钻爆法与风镐刷大巷道断面相结合的方法，达到设计断面规格后，及时打孔安装螺纹钢锚杆，然后挂网，安装托盘，拧紧螺帽，打锚索，再喷浆封闭，形成初次锚－网－索－梁－喷支护结构。

根据初次锚－网－索－梁－喷支护后巷道的变形发展规律和总变形不超过预留值的要求，确定实施二次锚注加固的时间，设计时间为25～35d。实际施工中发现，初次支护后10～15d巷道围岩就出现明显的收敛变形，且30d左右，巷道变形量就超过预留值。因此，将巷道二次锚注支护时间调整为20～25d。

在施工过程中应注意以下几点：

（1）掘进时应尽量减轻对巷道围岩的扰动，为实现锚杆支护提供着力基础；采用半圆拱形巷道断面，并在巷道两侧帮和拱顶预留一定的变形量。

（2）如果巷道围岩较破碎，可适当加大锚杆的锚固长度，保证足够的锚固力和预紧力，避免巷道围岩产生较大变形；

（3）在施工过程中应控制好施工用水，尽量减少施工用水向巷道围岩裂隙岩体中的渗透，使巷道围岩保持较好的力学性能，从而有效控制巷道围岩力学性质的软化和膨胀变形。

（4）巷道顶板初次支护应用螺纹钢锚杆和锚索进行锚－网－索－梁－喷柔性支护，允许巷道围岩产生一定的变形，释放一定的高应力和软岩遇水后的碎胀力。

（5）根据初次锚－网－索－梁－喷支护后巷道的变形发展规律和总变形不超过预留值的要求，及时实施二次锚注加固。

（6）将巷道水沟位置调整到巷道中部，避免水沟承受巷道底角的较大集中应力，使水沟的受力状态更合理。

7 深部软岩巷道稳定性控制数值分析

在对该煤矿深部复杂软弱地层中的巷道与硐室进行围岩岩性物相分析、变形破坏机理分析、松动圈地质雷达实测分析、井巷地应力测试分析的基础上，分别研究确定了各类巷道与硐室的支护与加固技术方案及其具体支护参数。为了验证所确定的支护方案与支护参数的合理性和有效性，采用FLAC³ᴰ数值分析软件对其进行了计算机模拟与对比分析。

7.1 数值分析软件简介

FLAC是连续介质快速拉格朗日差分分析方法（Fast Lagrangian Analysis of Continua）的英文缩写。它是由美国Itasca公司（Itasca International Inc.）于1986年开发的。目前，FLAC有二维和三维的计算程序两个版本，二维计算程序V3.0以前的版本为DOS版本，V2.5版本仅仅能够使用计算机的基本内存64K，所以，程序求解的最大节点数仅限于2000个以内。1995年，FLAC²ᴰ已升级为3.3的版本，其程序能够使用扩展内存，因此，大大发展了其计算规模。FLAC³ᴰ是一个三维有限差分程序，由Itasca公司于1994年开发，目前已发展到V5.0版本。

FLAC³ᴰ程序是用于工程计算的基于拉格朗日差分的一种快速显示有限差分程序，采用了显示有限差分方法、混合离散方法和动态松弛方法，是研究三维连续介质达到平衡状态或稳定塑性流动状态时力学行为的数值分析程序。该软件适用于模拟地质体，可以模拟在土、岩石等达到塑性应变后发生屈服流动材料中建造的建筑物和构筑物，能较好地模拟地质材料在达到强度极限或屈服极限时发生的破坏或塑性流动的力学行为，特别适用于分析渐进破坏、失稳及模拟大变形。

FLAC³D 程序因其应用特殊的离散技术（空间混合离散技术），所以，计算塑性屈服和流动是十分精确的，是国际上常用的岩土工程计算软件，应用范围十分广泛。通过 FLAC³D 程序自带的 FISH 语言，用户可以自己定义任何复杂的模型和本构关系以及根据自己的需要精确地控制计算过程。与其他有限元程序相比，FLAC³D 程序具有速度快、易收敛的特点，适用于非线性、大变形问题。

FLAC³D 程序采用显式拉格朗日法及混合离散单元划分技术，能够精确地模拟材料的塑性流动和破坏，采用动态松弛方法，对静态系统模型也采用动态方程来进行求解。

FLAC³D 程序中采用差分方法求解，因此，首先要将求解的区域划分成网格单元，各单元与网格点满足以下平衡方程

$$\partial \sigma_{ij} / \partial x_i + \rho g_i = \rho \ddot{u} \qquad (7-1)$$

式中，$\ddot{u}$ 为加速度，对于静力问题，$\ddot{u} = 0$；ρ 为密度；g_i 为重力加速度。

对于非静力问题，即当 $\ddot{u} \neq 0$ 时，也可以应用同样的方法来解决。此时，可以设想这一平衡力系引起网格点及单元的一系列运动，从而导出相应的动力方程为

$$m\ddot{u} + c\dot{u} + ku = 0 \qquad (7-2)$$

式中，$\ddot{u}$ 和 $\dot{u}$ 分别为虚加速度和虚速度；c 为虚阻尼；k 为弹簧刚度。

这样，就通过式（7-2）把一个静力问题转化为一个拟动力问题来解决。FLAC³D 程序能自动确定虚阻尼，以使式（7-2）所反映的动力响应逐渐随虚拟时间衰减，趋向稳定状态，一旦式（7-2）达到稳定平衡状态，而且 $\ddot{u} = 0$，就能得到相当于式（7-1）的真实静力解。为获得式（7-1）的真实解，应该在尽可能短的虚拟时间内，划分多个时间步，对网格中的单元与网格点进行循环往复计算，直到不平衡力消失，位移和应力分别趋于常数。

FLAC³D 程序采用的是快速拉格朗日法，它是基于显式差分法求解运动方程和动力方程的。FLAC³D 程序将计算区域内的介质划分为若干个单元，单元之间以节点相互连接。对某一个节点施加荷载之后，该节点的运动方程可以写成时间步长 Δt 的有限差分形式。在某一个微小的时间段内，作用于该节点的荷载只对周围的若干个节点

（例如相邻节点）有影响。根据单元节点的速度变化和时段 Δt，程序可以求出单元之间的相对位移，进而求出单元应变；根据单元材料的本构方程可以求出单元应力。随着时段的增长，这一过程将扩展到整个计算范围直到边界。程序将计算单元之间的不平衡力，然后将此不平衡力重新加到各节点上，再进行下一步的迭代运算，直到不平衡力足够小或者各节点位移趋于平衡为止。

三维快速拉格朗日法的计算循环如图 7-1 所示。假定某一时刻各个节点的速度已知，则根据高斯定理可求得单元的应变率，进而根据材料的本构关系求各单元的新应力，进入下一个循环。

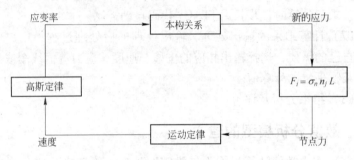

图 7-1 拉格朗日法的计算循环图

7.2 数值分析过程

数值分析过程如下：

（1）目标规划及资料收集。实施 FLAC^{3D} 算法之前首先要定义模型分析的目标，产生一个物理系统的概念图，构造和运行简单的理想化模型，然后收集特殊问题的大量数据，包括地质状况、岩土体物理力学参数、衬砌和锚杆等支护材料的材料特性参数等。

（2）建模。实施算法，首先要建立 FLAC^{3D} 模型，包括生成单元网格、给定边界条件和初始条件，定义本构模型与材料特性。如对于 Mohr-Coulomb 弹塑性模型，其材料特性参数为重度、内摩擦角、黏聚力、泊松比、剪胀角和抗拉强度。

（3）确定模型平衡状态。在给定的边界条件与初始条件作用下，FLAC^{3D} 应处于初始平衡状态。通过对最大不平衡力、节点速度或位移的监控，用户决定什么时候模型已达到平衡状态。

（4）检查模型响应。FLAC³ᴰ模型反应是通过其显示动态代码进行监控的。当模型动能降低到可忽略值时，静态和准静态解即可得到。这时模型或处于平衡状态，或处于稳流状态。

（5）执行扰动。FLAC³ᴰ在求解过程中的任何点均允许被改变模型条件，即扰动。这些扰动包括：材料的开挖、节点荷载或压力的增加或删除、任何单元材料模型或特性的改变、任何节点的约束或解除约束等。

（6）求解 FLAC³ᴰ 模型。FLAC³ᴰ采用显示时间逼近法求解代数方程组，求解计算时，步长由 FLAC³ᴰ 代码自动控制。

（7）计算结果的输出处理。输出处理即后处理过程，用户可以根据自己的需要，选择输出相应的位移、速度、应力等值线图或某个节点某物理量的计算值。

（8）结果分析及评价。

7.3   数值分析模型的建立

（1）本次数值计算均作为三维问题处理，物理模型定为弹塑性模型，塑性屈服准则选用 Mohr – Coulomb 准则。

（2）为了消除边界效应，模型均具有足够大的尺寸，模拟范围取开挖巷道跨度的 10 ~ 15 倍，巷道处于模型的中间，如图 7 – 2 所示。

（3）模型岩层划分与巷道实际所处层位岩层柱状严格一致。

（4）根据实际经验与采矿理论，在模型左右边界设置水平位移约束，即 $u = 0$，下边界设为固定约束，即 $u = 0$，$v = 0$，上边界自由。

（5）在各模型上边界加载，水平应力根据分析问题的具体要求通过改变侧压力系数的方式进行施加。

（6）各岩层力学参数通过正算位移反分析法和实验室实验确定，具体岩层参数列于表 7 –1 中。

（7）采用阶段分析方法。先模拟原始应力情况，达到平衡后，再在此基础上开挖巷道，然后进行巷道支护。

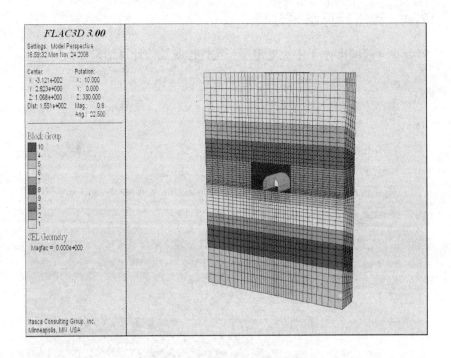

图 7 - 2 - 700m 水平中央变电所数值计算模型与网络剖分图

表 7 - 1 - 700m 水平巷道围岩主要力学参数

岩石名称	层厚/m	弹性模量/GPa	泊松比	黏聚力/MPa	内摩擦角/(°)	抗拉强度/MPa
泥岩、粉砂岩互层	13.75	14.0	0.20	10.0	25.0	7.0
粉砂岩	4.40	16.0	0.20	18.3	19.0	8.0
2 煤	4.80	6.0	0.30	11.0	21.0	6.0
泥岩	6.41	7.0	0.16	17.6	18.8	8.3
细砂岩	5.76	35.0	0.25	25.9	22.7	8.0
粗砂岩	3.10	23.4	0.21	9.0	29.0	8.0

7.4　数值计算结果分析

7.4.1　-700m水平中央变电所稳定性控制数值计算结果分析

7.4.1.1　中央变电所原支护方案数值模拟分析

中央变电所的断面为直墙半圆拱形，墙高1500mm，拱半径为2100mm，原支护结构见图2-2。

-700m水平中央变电所原支护采用锚-网-索-喷联合支护方式，其施工工艺参数前已叙述，此处不再赘述。

采用FLAC^{3D}数值分析软件建立的-700m水平中央变电所支护结构计算模型如图7-3和图7-4所示。

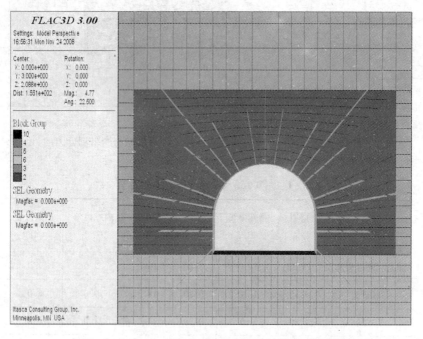

图7-3　-700m水平中央变电所数值计算模型剖面图

　A　巷道围岩收敛变形分析

通过对-700m水平中央变电所的原支护方案进行数值模拟分析，

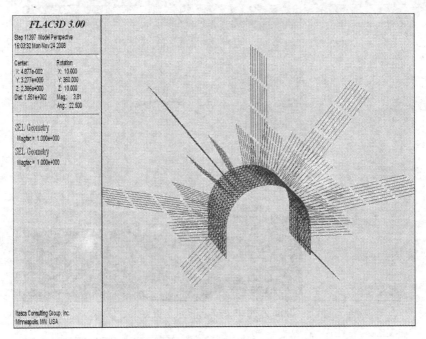

FLAC3D 3.00

Step 11397 Model Perspective
16:03:32 Mon Nov 24 2008

Center: Rotation:
X: 4.877e-002   X: 10.000
Y: 3.277e+000   Y: 360.000
Z: 2.386e+000   Z: 10.000
Dist 1.561e+002 Mag.: 3.81
                        Ang.: 22.500

SEL Geometry
  Magfac = 1.000e+000
SEL Geometry
  Magfac = 1.000e+000

Itasca Consulting Group, Inc.
Minneapolis, MN USA

图 7-4 -700m 水平中央变电所原支护方案锚杆布置图

所得到的巷道围岩的收敛变形如图 7-5~图 7-7 所示。

由图示结果可以看出, -700m 水平中央变电所的拱顶、两帮和底板的收敛变形均较大, 其中, 拱顶的沉降最大, 约为 151mm, 底臌严重, 且底板中部底臌量最大, 约为 120mm, 而最大水平位移发生在巷道两侧的直墙处, 最大位移量为 110mm。

B 巷道围岩塑性破坏区发育形态分析

-700m 水平中央变电所围岩的塑性破坏区如图 7-8 所示, 由图可见, 中央变电所围岩的塑性破坏区较大, 具有明显的对称性, 且巷道两帮中部和拱顶两侧的塑性区最大。

C 锚杆和锚索的受力分析

-700m 水平中央变电所硐室采用原支护方案时锚杆和锚索的受力如图 7-9 所示, 由图可见, 锚杆和锚索的受力较均匀。锚杆和锚索支护结构对巷道围岩的应力重新分布起到了较好的作用。

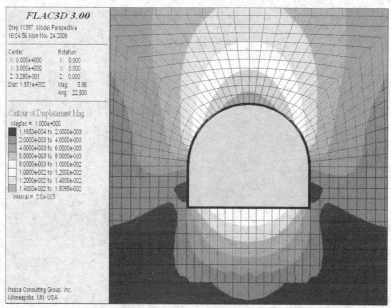

图 7 - 5 　 -700m 水平中央变电所原支护方案总位移云图

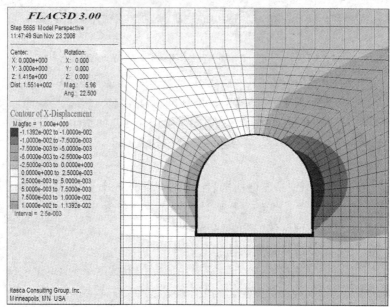

图 7 - 6 　 -700m 水平中央变电所原支护方案水平位移图

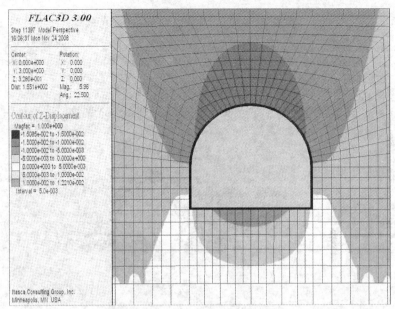

图 7 - 7 -700m 水平中央变电所原支护方案垂直位移图

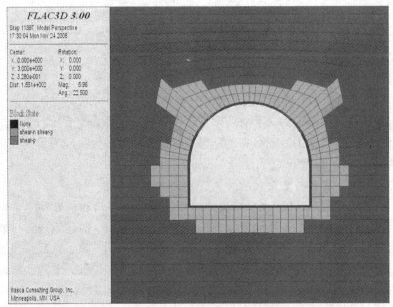

图 7 - 8 -700m 水平中央变电所原支护方案围岩塑性破坏区形态

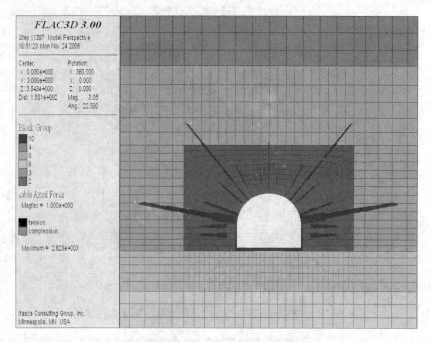

图 7 - 9 - 700m 水平中央变电所原支护方案锚杆和锚索受力图

D 巷道围岩的应力分布分析

- 700m 水平中央变电所采用原支护方案时的围岩应力分布如图 7 - 10 和图 7 - 11 所示，由图可见，巷道围岩应力分布有受压区，也有受拉区，但围岩的应力有所降低，锚杆的最大受力也有所减小，这是巷道围岩内应力重新分布的结果，巷道围岩的最大主应力发生在顶拱部。

7. 4. 1. 2 中央变电所加固支护方案数值模拟分析

为了保证 - 700m 水平中央变电所的安全、可靠和长期稳定，研究决定在该硐室的两帮墙及拱顶采用直径为 17.8mm 的锚索与锚注联合加固技术方案，而在底板则采用抗让结合的加固方案，在底板设置一层炉渣混凝土让压层，再进行反底拱锚梁加固，以保证巷道底板的长期稳定。- 700m 水平中央变电所的加固支护方案见图 6 - 5 和图 6 - 6，其锚杆和锚索布置图如图 7 - 12 所示。

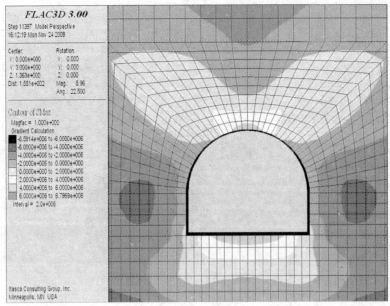

图7-10　-700m水平中央变电所原支护方案围岩最大主应力分布图

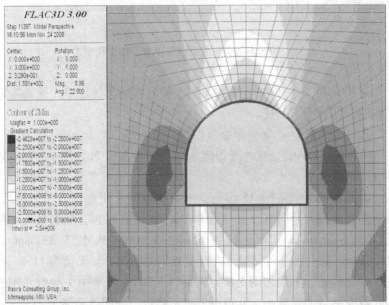

图7-11　-700m水平中央变电所原支护方案围岩最小主应力分布图

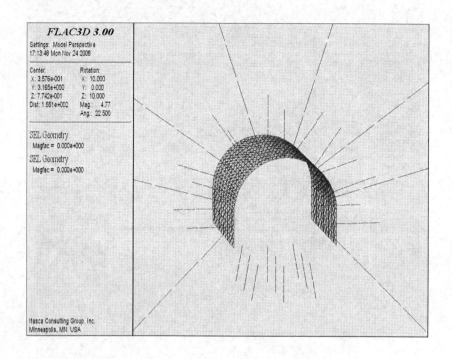

图 7 - 12   -700m 水平中央变电所加固方案锚杆和锚索布置图

　　-700m 水平中央变电所的加固支护方案的具体施工工艺参数前
已叙述，此处不再赘述。
　　A　巷道围岩收敛变形分析
　　-700m 水平中央变电所加固后的围岩收敛变形如图 7 - 13 ~ 图
7 - 15 所示。
　　由图 7 - 13 ~ 图 7 - 15 可见，中央变电所采用加固支护方案后，
巷道围岩的最大竖向沉降值仅为 14mm，发生在拱顶；底板最大底臌
量仅为 4.2mm，与原支护方案相比，分别减小了 137mm 和
115.8mm。最大水平位移发生在巷道直墙的中部，最大值为 11mm。
　　对比可见，采用加固支护方案后，-700m 水平中央变电所围岩
的收敛变形量大大减小，巷道围岩趋于稳定，加固效果显著。

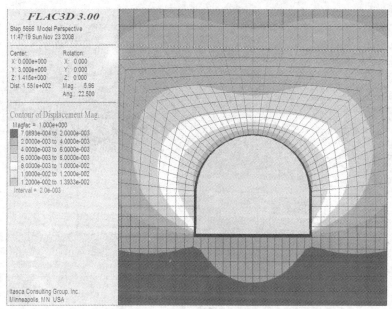

图 7 - 13　　-700m 水平中央变电所加固后的总位移图

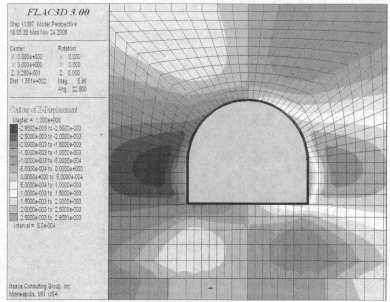

图 7 - 14　　-700m 水平中央变电所加固后的水平位移图

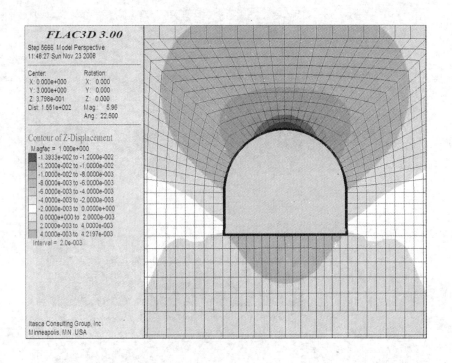

图 7 – 15   – 700m 水平中央变电所加固后的垂直位移图

B   巷道围岩塑性破坏区发育形态分析

– 700m 水平中央变电所加固处理后的围岩塑性破坏区如图 7 – 16 所示，由图可见，围岩的塑性破坏区只在拱肩附近较大，巷道周围的塑性破坏区均较采用原支护方案时大大减小。这是因为注浆作用使得中央变电所围岩的抗拉强度和黏聚力增大，注浆范围内的围岩整体强度增大。

C   锚杆和锚索的受力分析

– 700m 水平中央变电所硐室加固支护后，锚杆和锚索的受力如图 7 – 17 所示，由图可见，锚杆和锚索的受力均较均匀。与采用原支护方案时相比，由于注浆作用提高了中央变电所围岩的整体性，所以，锚杆和锚索受力的最大值均有所减小，这说明中央变电所围岩注浆后的强度有了很大提高，能够承受较大的剪力。

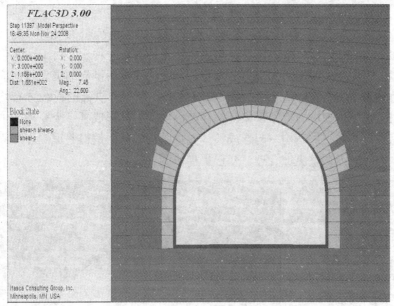

图 7 - 16 -700m 水平中央变电所加固后的塑性破坏区形态

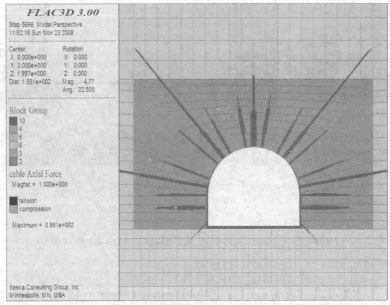

图 7 - 17 -700m 水平中央变电所加固后的锚杆和锚索受力图

D　巷道围岩的应力分布分析

－700m 水平中央变电所加固支护后的围岩应力分布如图 7－18 和图 7－19 所示，由图可见，与采用原支护方案时相比，由于注浆作用，中央变电所围岩的应力分布更加均匀，注浆后围岩的最大竖向应力和水平应力在数值上维持在 5MPa 左右，两帮和拱部的荷载分布均匀，很少出现应力集中现象，锚注范围内的岩体形成了一个完整的加固圈，并和支护结构一起形成整体支护结构，从而使得巷道围岩加固体内的应力调整更加合理，变形更加协调。

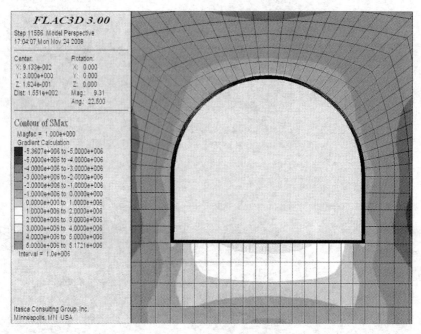

图 7－18　－700m 水平中央变电所加固后的围岩最大主应力分布图

7.4.2　－700m 水平皮带石门稳定性控制数值计算结果分析

7.4.2.1　皮带石门原支护方案数值模拟分析

－700m 水平皮带石门为直墙半圆拱形，皮带石门宽 3600mm，墙高 1400mm，拱半径为 1800mm。皮带石门的原支护结构见图 2－3。

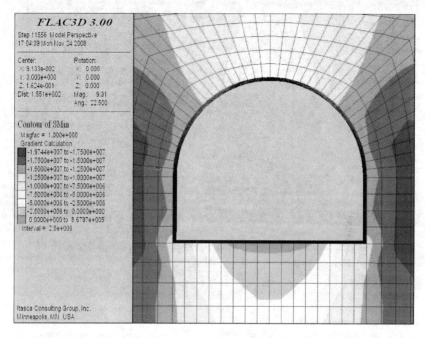

图 7 – 19　–700m 水平中央变电所加固后的围岩最小主应力分布图

　　–700m 水平皮带石门采用锚 – 网 – 喷联合支护方式，具体支护参数前已叙述，此处不再赘述。

　　采用 FLAC[3D] 数值分析软件对皮带石门原支护方案进行了数值模拟分析，所建立的支护结构计算模型如图 7 – 20 和图 7 – 21 所示。

　　A　巷道围岩收敛变形分析

　　–700m 水平皮带石门采用原支护方案时的围岩收敛变形如图 7 – 22 ~ 图 7 – 24 所示，由图可见，采用原支护方案时，皮带石门的收敛变形较大，最大沉降发生在拱顶，沉降量约为 131mm，最大底臌量达 120mm，巷道两帮最大位移量为 15.8mm。

　　B　巷道围岩塑性破坏区发育形态分析

　　–700m 水平皮带石门采用原支护方案时的围岩塑性破坏区如图 7 – 25 所示，由图可见，采用原支护方案时，皮带石门底板、两帮和顶板的塑性区范围均较大，且最大塑性区发生在拱顶位置。

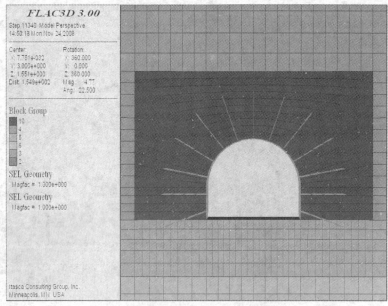

图 7 – 20   –700m 水平皮带石门原支护方案锚杆布置图

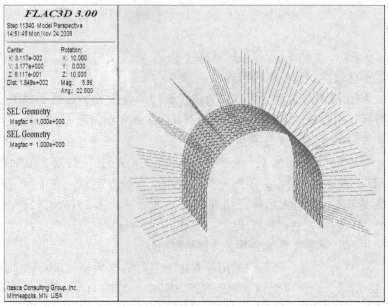

图 7 – 21   –700m 水平皮带石门原支护方案加固结构图

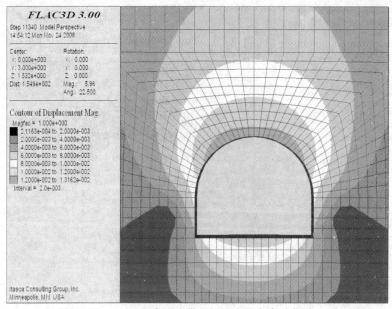

图 7 – 22　– 700m 水平皮带石门原支护方案总位移云图

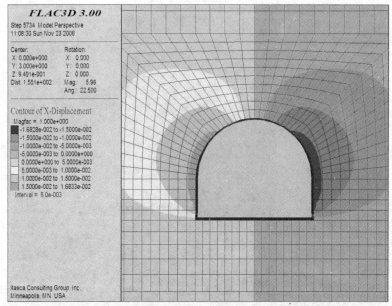

图 7 – 23　– 700m 水平皮带石门原支护方案水平位移云图

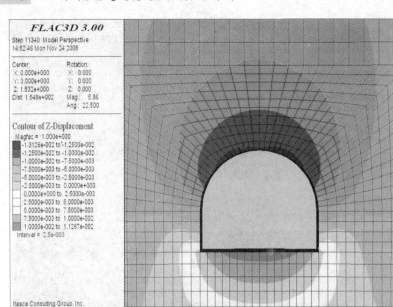

图 7 - 24　-700m 水平皮带石门原支护方案垂直位移云图

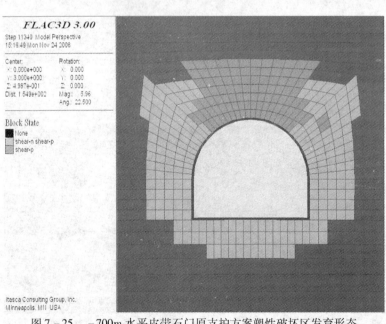

图 7 - 25　-700m 水平皮带石门原支护方案塑性破坏区发育形态

C 锚杆和锚索的受力分析

−700m 水平皮带石门采用原支护方案时，锚杆和锚索的受力如图 7−26 所示，由图可见，皮带石门支护中锚杆和锚索的受力均较均匀，这说明锚杆和锚索支护结构对巷道围岩的应力重分布起到了较大的作用。

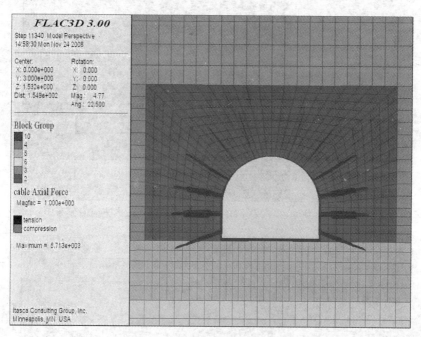

图 7−26　−700m 水平皮带石门原支护方案锚杆和锚索受力图

D 巷道围岩的应力分布分析

−700m 水平皮带石门采用原支护方案时的围岩应力分布如图 7−27 和图 7−28 所示，由图可见，围岩应力分布有受压区，也有受拉区，但围岩的应力有所降低，锚杆的最大受力值也有所减小，这是围岩内应力重分布的结果，巷道围岩最大主应力发生在拱部。

7.4.2.2 皮带石门加固支护方案数值模拟分析

−700m 水平皮带石门穿过季庄断层破碎带，围岩破碎，岩性主要成分为泥岩，巷道施工后不久即出现了拱顶开裂现象，并伴有严重

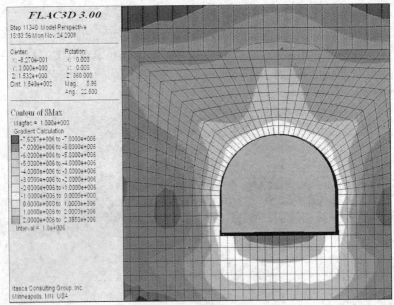

图 7-27 −700m 水平皮带石门原支护方案围岩最大主应力分布图

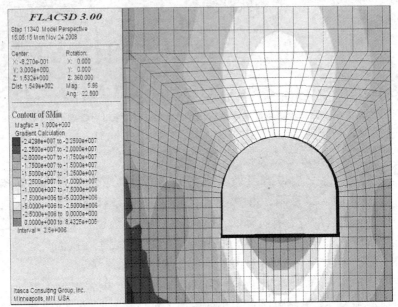

图 7-28 −700m 水平皮带石门原支护方案围岩最小主应力分布图

底臌。为了保证皮带石门的长期稳定，设计采用锚索和锚注联合支护方式对巷道顶板和两帮进行加固治理，巷道底板则采用锚杆梁、锚注相结合的加固支护方案。

　　－700m 水平皮带石门的加固支护结构见图 6 – 11 和图 6 – 12，具体加固支护参数前已叙述，此处不再赘述。

　　根据 －700m 水平皮带石门的加固支护方案建立的数值计算模型如图 7 – 29 和图 7 – 30 所示。

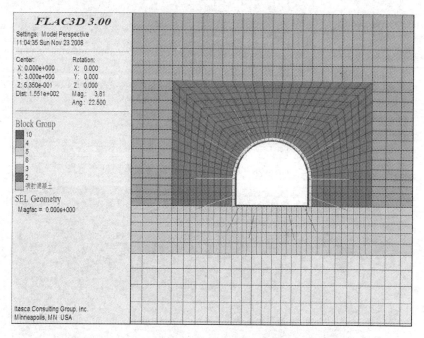

图 7 – 29 　 －700m 水平皮带石门加固方案数值计算模型图

　　A 　巷道围岩收敛变形分析

　　－700m 水平皮带石门加固后的围岩收敛变形如图 7 – 31 ~ 图 7 – 33 所示，由图可见，皮带石门经加固处理后，巷道围岩的收敛变形大大减小，拱顶最大沉降值仅为 25mm，底板的最大底臌量仅为 5mm。与加固处理前相比，拱顶下沉量和底臌量分别减小了 107mm 和 115mm。巷道两帮最大水平位移仅为 7.7mm，与加固处理前相比，

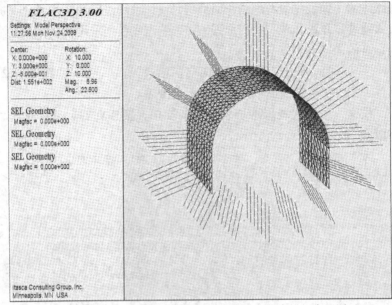

图 7 - 30　－700m 水平皮带石门加固方案锚索锚杆布置图

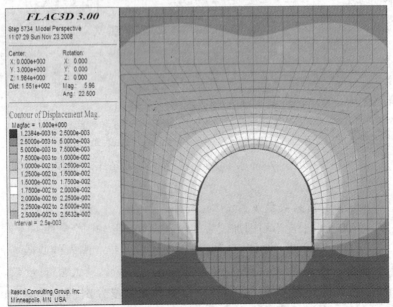

图 7 - 31　－700m 水平皮带石门加固后的围岩总位移图

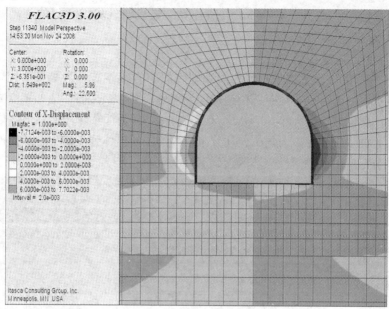

图 7 – 32　 – 700m 水平皮带石门加固后的水平位移图

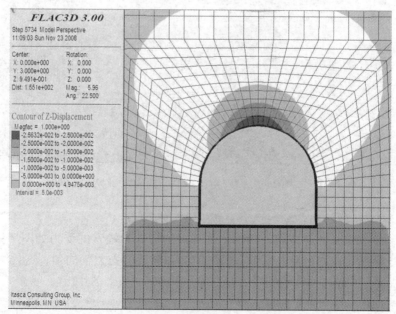

图 7 – 33　 – 700m 水平皮带石门加固后的垂直位移图

水平位移量减小了 8.1mm。数值计算结果表明，皮带石门的加固效果十分显著。

B　巷道围岩塑性破坏区发育形态分析

-700m 水平皮带石门加固处理后的围岩塑性破坏区如图 7-34 所示，由图可见，皮带石门经加固处理后，围岩塑性破坏区大幅度减小，塑性破坏区大小约为 0.3~0.8m。这是因为注浆作用使巷道围岩的抗拉强度和黏聚力增大，注浆范围内的围岩整体强度增大，从而使皮带石门围岩的塑性破坏区大幅度减小。

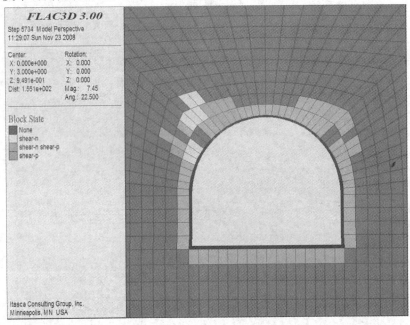

图 7-34　-700m 水平皮带石门加固后的围岩塑性破坏区形态

C　锚杆和锚索的受力分析

-700m 水平皮带石门加固处理后的锚杆和锚索的受力如图 7-35 所示，由图可见，皮带石门中锚杆和锚索的受力较均匀，这说明加固支护结构对巷道围岩的应力重分布起到了较大的作用。

D　巷道围岩的应力分布分析

-700m 水平皮带石门加固处理后的围岩应力分布如图 7-36 和

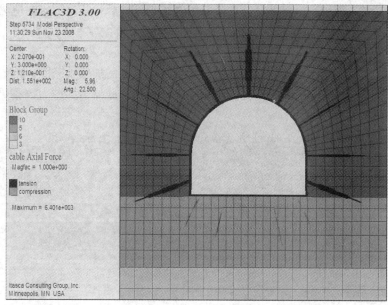

图 7 – 35　–700m 水平皮带石门加固后的锚杆受力图

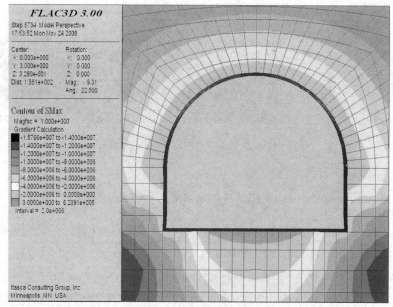

图 7 – 36　–700m 水平皮带石门加固后的最大主应力分布

图 7－37 所示，由图可见，皮带石门经加固处理后，巷道围岩的应力分布更加均匀，巷道围岩的最大竖向应力和最大水平应力均约为 2.55MPa，巷道两帮和顶拱部均匀承受荷载，没有出现应力集中现象。注浆加固使锚固范围内的岩体形成一个完整的加固承载圈，围岩和支护结构一起形成封闭的支护体系，从而使加固体内的应力分布更加合理。

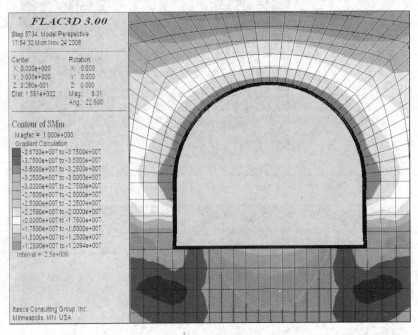

图 7－37　　－700m 水平皮带石门加固后的最小主应力分布

7.5　深部软岩巷道稳定性控制数值分析结论

通过对该煤矿 －700m 水平中央变电所和皮带石门进行数值模拟计算与分析，得到了加固支护前、后的巷道围岩的收敛变形情况，围岩塑性破坏区的发育形态，锚杆和锚索的受力情况以及巷道围岩的应力分布情况。对比分析发现，加固支护前中央变电所和皮带石门的围岩收敛变形均较大，中央变电所顶板下沉量为 151mm，底臌量为

120mm，两帮内移量为 110mm；皮带石门顶板下沉量为 131mm，底臌量为 120mm。加固处理后，巷道围岩的变形均大幅度减小，并趋于稳定状态，中央变电所顶板下沉量为 14mm，底臌量为 4.2mm，两帮内移量为 11mm；皮带石门顶板下沉量为 25mm，底臌量为 5mm。同时，巷道围岩的塑性破坏区也大幅度减小，锚杆和锚索的受力更加趋于合理，巷道围岩的应力分布更加均匀，应力集中程度很小。这说明研究确定的加固支护方案是合理有效的，可以保证该煤矿深部软岩巷道的长期稳定。

8 深部软岩巷道围岩稳定性控制效果分析

8.1 监测目的与监测内容

在对该煤矿 –700m 水平深部软岩巷道与硐室进行变形破坏特征分析、地应力实测分析、围岩岩性物相分析、巷道变形破坏机理分析、围岩松动圈地质雷达实测分析等的基础上，确定了中央变电所、中央水泵房、回风石门、皮带石门和轨道石门的稳定性控制方案以及具体的加固支护参数和施工工艺。由于巷道围岩的活动状况具有极强的隐蔽性，因此，有必要对加固处理后巷道围岩的稳定性进行监测分析。完整的现场监测资料将为软岩巷道支护的成功实施提供基础数据，是软岩巷道支护工程得以巩固和发展的重要保证[138]，其主要目的在于：

(1) 掌握巷道围岩的动态及其规律性，为软岩巷道支护进行日常动态化管理提供科学依据；

(2) 为检验支护结构、支护参数及施工工艺的合理性，并为修改、优化支护参数和合理确定二次支护时间提供科学依据；

(3) 监控巷道支护的施工质量，对支护状况进行跟踪反馈和预测，及时发现工程隐患，以保证施工安全和软岩巷道稳定；

(4) 为其他类似工程的设计与施工提供全面的参考依据；

(5) 监测得到的数据资料可作为软岩巷道工程质量检查和验收的判断标准。

深部软岩巷道围岩稳定性控制效果的监测内容较多，制订监测计划时应根据软岩巷道工程的地质条件、巷道的种类、服务年限、支护方式、围岩类别以及工程具体情况等选取监测项目[139,140]。经研究确定的该煤矿深部软岩巷道围岩稳定性控制效果的主要监测内容包括：

(1) 巷道表面收敛变形[141,142]。反映巷道表面位移的大小及巷道断面缩小的程度,可判断围岩的运动是否超过其最大安全允许值,是否影响巷道的正常使用。

(2) 锚杆和锚索的受力[143~145]。其大小可以判断锚杆和锚索的工作状态,即判断锚杆和锚索是否发生断裂、屈服,从而确定顶板是否稳定、锚杆和锚索的支护参数是否合理等。

(3) 顶板锚固区内、外的离层值[146~148]。用于判断顶板锚固区内、外围岩的稳定性以及锚杆支护参数的合理性。

8.2 测点布置与监测方法

8.2.1 巷道围岩表面收敛变形监测

巷道围岩表面位移的监测内容包括顶底板相对移近、两帮相对移近、顶板下沉以及底臌等。根据监测结果,可以分析巷道周边相对位移变化速度、变化量以及它们与采掘工作面位置的关系、与掘巷时间的关系,也可以得到巷道周边的最终位移,从而判断支护效果和围岩的稳定状况,为完善支护参数提供依据。

(1) 测点布置。在巷道中进行收敛变形监测时,设计每隔30m设置一个测试断面,每个断面设置5个点,量测巷道的两帮内移量、顶板下沉量、顶底板移近量,断面内的测点布置如图8-1所示。

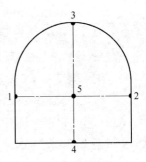

图 8-1 巷道围岩收敛
变形测试断面测点布置

变形监测采用位移测枪和钢尺进行。对于加固巷道,可在修复加固工程完成后进行,以观测修复后的变形量。测点可用 $\phi16 \sim 18mm$ 的圆钢或钢棒制作,用快硬水泥药卷或树脂药卷埋入围岩中,测点钻孔的孔深以400mm为宜,要求垂直于围岩表面。

(2) 测试方法与测试频率。测试时,将测尺接头挂在预先安设的测点上,下压弹簧片,松开扳机,移动测枪放出测尺,待测枪顶尖接近对应测点时,扳机压至一档,将测尺压紧,当顶尖触到测点断面时,锁紧测尺,读取测试值。

量测 10d 内，每天测 1 次，11 ~ 30d 内每 2d 测 1 次，31 ~ 90d 内每 3d 测 1 次。

8.2.2 锚杆和锚索的受力监测

对锚杆和锚索的受力进行监测的目的是分析巷道服务期间锚杆和锚索荷载的变化情况，监测锚杆和锚索的工作状态，为调整和修改支护参数提供实测数据。

（1）测点布置。修复巷道每隔 30m 布置一组监测断面，每个断面布置 5 个测点，断面内的测点布置如图 8 - 2 所示。采用液压式锚杆和锚索应力测力计测试。

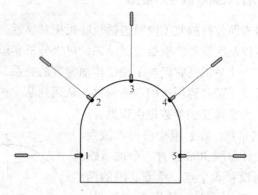

图 8 - 2 锚杆（锚索）受力测点布置图

（2）测试频率。锚杆和锚索应力测试计安装后 15d 内，每天测 1 次，15d 后每 2d 测 1 次。

8.2.3 巷道顶板离层监测

安装顶板离层指示仪的目的有两个：一是对顶板离层情况提供连续的直观显示，及早发现顶板失稳的征兆，以避免冒顶事故的发生；二是利用监测数据可修改、完善锚杆支护初始设计参数。

离层指示仪以红、黄、绿三种颜色表示顶板离层松动的严重程度，绿色表示顶部松动离层值较小，处于稳定状态；黄色表示离层松动已达到警界值；红色则表示顶板离层松动值较大，已进入危险状态。

(1) 测点布置。在巷道中每隔 30m 安设一个监测断面，每个断面布置 1 个测点，每个测孔设两个基点，深部基点深度约 8.0～8.5m，浅部基点深度约 2.0～2.5m，位于锚杆锚固端部。顶板离层指示仪基点布置如图 8-3 所示。

(2) 安装方法：

1) 在巷道顶板打一个直径为 28～32mm 的钻孔，一般深度为 8～8.5m；

2) 用安装杆将带有较长不锈钢钢丝的孔内固定装置推到所打钻孔的孔底，抽回安装杆，再将另一个带较短不锈钢钢丝的孔内固定装置推到 2.5m 左右深的位置，其准确位置为锚杆端部在围岩中的深度；

3) 将两根不锈钢测线分别连接到内外测筒上；

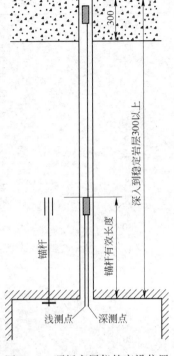

图 8-3　顶板离层仪的安设位置

4) 最后安装套筒，并固定于孔口处；

5) 安装完毕后，即可记录初读值。

(3) 测试频率。巷道顶板离层仪安装后 15d 内每天测读 1 次，16～30d 内，每 2d 测读 1 次，31d 后每 3d 测读 1 次。

8.3　－700m 水平中央变电所稳定性控制效果监测分析

8.3.1　巷道围岩表面收敛变形监测分析

－700m 水平中央变电所加固施工完成后即设置了围岩表面收敛变形测点，并进行了连续监测，所得到的监测数据列于表 8-1 中，巷道围岩表面收敛变形曲线如图 8-4 所示。

表 8 - 1   - 700m 水平中央变电所围岩表面收敛变形监测数据

监测天数	顶底板移近量/mm	两帮内移量/mm
1	2.2	1.7
2	2.5	1.9
3	3.1	2.3
4	2.9	2.4
5	3.2	2.6
6	3.4	2.9
7	3.7	3.2
8	4.0	3.6
9	3.9	3.7
10	4.1	4.0
12	4.3	4.1
14	4.3	4.3
16	4.6	4.3
18	4.7	4.4
20	5.0	4.4
22	5.0	4.5
24	5.2	4.6
26	5.2	4.5
28	5.3	4.5
30	5.2	4.5

由表 8 - 1 和图 8 - 4 分析可知，- 700m 水平中央变电所经加固处理后，巷道围岩变形量较小，30d 内顶底板移近量仅为 5.2mm，两帮内移量为 4.5mm，巷道围岩的稳定性较好，达到了理想的加固支护效果。

中央变电所经加固处理，提高了支护结构的整体性，硐室投入使用后，围岩一直保持稳定状态，没有出现明显的变形，半年后的围岩稳定情况如图 8 - 5 所示。

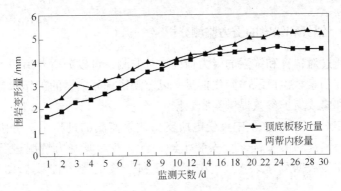

图 8 － 4 　 －700m 水平中央变电所围岩收敛变形曲线

图 8 － 5 　 －700m 水平中央变电所围岩稳定情况

8.3.2　锚杆和锚索的受力监测分析

通过对锚杆和锚索的受力情况进行监测，可以分析巷道服务期间锚杆和锚索承担荷载的变化情况，以监测锚杆和锚索的工作状态，为调整和修改支护参数提供实测数据。

在对 −700m 水平中央变电所支护效果监测的过程中，分别在三根顶板锚杆和两根锚索上安装了测力计，并对其受力情况进行了监测，监测数据列于表 8 − 2 中，锚杆和锚索的受力曲线如图 8 − 6 所示。

表 8 − 2　 −700m 水平中央变电所锚杆和锚索的受力监测数据

监测天数	1 号锚杆受力 /kN	2 号锚杆受力 /kN	3 号锚杆受力 /kN	1 号锚索受力 /kN	2 号锚索受力 /kN
1	73.4	75.5	83.7	104.5	108.9
2	74.5	76.6	85.1	104.2	109.2
3	74.3	76.3	83.4	105.3	107.8
4	76.5	75.7	86.5	106.7	107.4
5	75.6	78.5	86.6	103.6	106.9
6	76.3	77.7	84.4	105.3	107.3
7	76.2	77.3	89.0	106.2	108.3
8	81.6	76.1	87.6	107.6	108.4
9	77.6	78.5	87.7	105.8	108.6
10	76.5	78.6	86.5	107.5	109.2
11	76.9	80.4	87.8	105.3	109.1
12	78.8	79.3	87.3	107.4	108.3
13	76.6	79.7	86.6	106.8	109.3
14	77.4	79.8	87.0	106.9	109.4
15	77.6	79.7	87.3	107.3	109.6

由表 8 − 2 和图 8 − 6 可知，中央变电所三根锚杆和两根锚索的受力均较正常，其中锚杆承担的荷载约为 70 ~ 90kN，锚索承担的荷载约为 100 ~ 110kN，且受力较稳定，波动较小。监测结果表明，中央

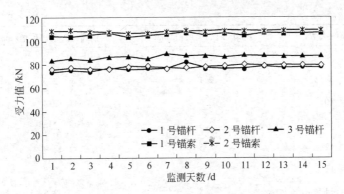

图 8－6　－700m 水平中央变电所锚杆和锚索受力曲线

变电所支护体系受力较理想,巷道围岩的稳定性较好。

8.3.3　巷道顶板离层监测分析

通过对中央变电所巷道顶板离层情况的监测可以得到锚杆锚固区内、外的顶板离层值,并据此判断顶板锚固区内、外围岩的稳定性以及锚杆支护参数的合理性。安装顶板离层指示仪后,顶板围岩的离层情况可以得到连续的直观量测,并可及早发现顶板失稳的征兆,以避免冒顶事故的发生。

在中央变电所监测得到的顶板围岩离层值列于表 8－3 中,顶板锚固区内、外的离层曲线如图 8－7 所示。

表 8－3　－700m 水平中央变电所顶板离层监测数据

监测天数	锚固区内的离层值/mm	锚固区外的离层值/mm
1	1.2	1.6
2	1.3	1.6
3	1.3	1.9
4	1.2	1.9
5	1.4	2.1
6	1.5	2.2
7	1.4	2.2

续表 8-3

监测天数	锚固区内的离层值/mm	锚固区外的离层值/mm
8	1.6	2.2
9	2.1	2.5
10	2.3	2.4
11	2.3	2.4
12	2.5	2.4
13	2.5	2.5
14	2.5	2.5
15	2.6	2.7
16	2.7	2.7
18	2.7	2.7
20	2.8	2.9
22	2.8	3.1
24	2.9	3.0
26	2.9	3.2
28	2.9	3.2
30	2.9	3.2

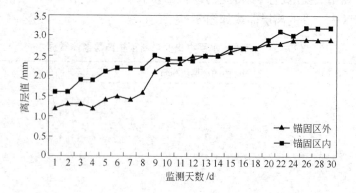

图 8-7   -700m 水平中央变电所顶板离层曲线

监测数据表明，−700m 水平中央变电所顶板围岩锚固区内、外的离层值均较小，锚固区内的最大顶板离层值为 2.9mm，锚固区外的最大顶板离层值为 3.2mm，巷道顶板的稳定性较好。

从图 8−7 中的顶板离层曲线还可以看出，顶板锚固区内、外的离层值逐渐趋于一个稳定值，表明中央变电所顶板在加固处理后围岩离层运动趋于稳定，巷道的整体稳定性得到了全面控制。

8.4　−700m 水平其他软岩巷道稳定性控制效果分析

−700m 水平中央变电所稳定性控制效果的监测数据表明，采用锚索与围岩全断面锚注相结合的联合加固支护方法后，巷道围岩的稳定性得到了很好的控制。采用注浆锚杆注浆可以提高围岩自身的力学特性，强化岩体的整体性，并使原锚杆和锚索的支护性能大大提高，通过注浆和锚杆加固后，原喷层与经注浆加固后的围岩结合为一体，二者实现共同作用、协调变形，扩大了参与支护并具有结构效应的围岩范围，提高了支护结构的整体性。另外，加固支护体系中的高性能锚杆的组合拱作用、锚索的减跨作用和增强铰支座作用，有效改善了支护结构的受力状态，将结构由原来的抗弯和抗拉状态转化为抗压状态，从而显著提高了复合支护结构的承载和抵抗变形的能力[149~151]。

除此之外，−700m 水平中央水泵房和回风石门、轨道石门以及皮带石门等也采用了类似中央变电所的加固支护方法，即巷道两帮和拱顶采用注浆锚杆和锚索对围岩实施注浆加固，而底板则采用抗让结合的加固方案，均取得了理想的加固支护效果，保证了巷道围岩的长期稳定。

研究过程中，除对中央变电所进行了巷道围岩收敛变形监测、锚杆和锚索的受力监测以及巷道顶板离层监测外，还对中央水泵房、回风石门、轨道石门和皮带石门等进行了全面系统的监测，此处不再一一赘述。

该煤矿 −700m 水平深部软岩巷道经加固处理后，一直处于稳定状态，半年后的围岩情况分别如图 8−8~图 8−11 所示。

由图 8−8~图 8−11 可以看出，该煤矿 −700m 水平软岩巷道与硐室经加固治理后一直保持良好的稳定状态，这说明研究确定的深部

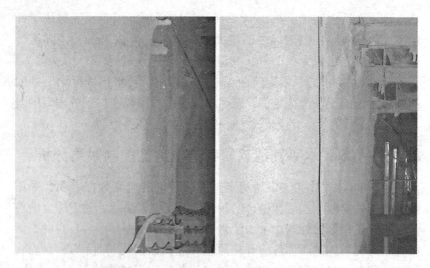

图 8-8   -700m 水平软岩巷道两帮加固效果

图 8-9   -700m 水平软岩巷道整体加固效果

软岩巷道围岩的加固支护技术方案在技术上是可行的，在安全上是可靠的，同时，它还为该煤矿深部软岩巷道与硐室的全面治理提供了一套行之有效、多快好省的技术方案，具有重要的理论意义和广阔的推广运用前景。

图 8-10   -700m 水平软岩巷道底板加固效果

图 8-11   -700m 水平软岩巷道顶板和两帮加固效果

　　另外，由于深部软岩巷道围岩的稳定性分析与控制技术是一个非常复杂的研究课题，以下两个方面还有待于进行更深入的研究。

　　(1) 深部软岩巷道围岩的稳定性问题往往实践先于理论，即在工程实践中，很多深部软岩巷道围岩的稳定性得到了较好的控制，但所采取的稳定性控制方法和具体的支护参数往往是经验性的，或是工程类比得到的，很少进行全面合理的理论计算与分析，同时，对深部软岩巷道围岩的变形破坏特征与变形破坏机理的分析也只是定性的讨论,缺乏定量的理论计算。因此,深部软岩巷道围岩稳定性的理论研究工作有待加强。

(2)由于深部软岩巷道围岩的稳定性受工程地质条件、水文条件、原岩应力、围岩岩性、采掘关系、支护方案与支护参数、施工工艺等多方面因素的影响,巷道失稳的原因千差万别,同一种支护方案往往不能适应不同条件下各种软岩巷道稳定性的控制要求,因此,有必要研究开发更多更有效的软岩巷道稳定性控制新方案,使其形成系统,以解决不同条件下的深部软岩巷道围岩的稳定性控制难题。

参 考 文 献

［1］尹传理，李化敏．我国煤矿深部开采问题探讨［J］．煤矿设计，1998（8）：7～11.

［2］吴向前．深部矿井沿空回采巷道矿压显现特征及控制［J］．山东煤炭科技，2008（4）：57～58.

［3］李全生．我国煤矿开采技术发展的方向探讨［J］．中国煤炭，2003，23（1）：30～32.

［4］贠东风．煤矿开采深度现状与发展趋势［J］．煤，1997（6）：38～41.

［5］康红普．煤矿深部巷道锚杆支护理论与技术研究新进展［J］．煤矿支护，2007（2）：1～8.

［6］张雷，赵玮．深部巷道支护技术的探索与建议［J］．煤矿支护，2007（3）：48～50.

［7］陈炎光，陆士良．中国煤矿巷道围岩控制［M］．徐州：中国矿业大学出版社，1994.

［8］薛顺勋，聂光国，刘银志．软岩巷道支护技术指南［M］．北京：煤炭工业出版社，2002.

［9］贺永年，韩立军，邵鹏，蒋斌松．深部巷道稳定的若干岩石力学问题［J］．中国矿业大学学报，2006，35（3）：288～294.

［10］王立朝．深井动压巷道围岩变形机理及支护技术研究［D］．山东科技大学，2004.

［11］Attewell P B. Tunneling and site investigations［J］. Geotechnical Engineering of Hard Soil, 1993, 3（1）: 1767～1790.

［12］Russo B F, Murphy S K. Longwalling at great depth in a geologically disturbed environment the way forward［J］. The Journal of South African Institute of Mining and Metallurgy, 2000, 100（2）: 91～100.

［13］Schweitzer J K, Johnson R A. Geotechnical classification of deep and ultra – deep wifwatersrand mining areas, South Africa［J］. Mineralium Deposita, 1997, 32: 335～348.

［14］Kaiser P K, Morgenstern N R. Phenomenological model for rock with time – dependent strength［J］. International Journal of Rock Mechanics of Mining Science and Geomechanics, 1981, 18（1）: 153～165.

［15］Hou C J. Review of roadway control in soft surrounding rock under dynamic pressure［J］. Journal of Coal Science and Engineering, 2003, 9（1）: 1～7.

［16］刘锋珍．深部高应力巷道围岩稳定性数值模拟研究［D］．山东科技大学，2005.

［17］赵宝友．深部巷道围岩变形机理的数值模拟研究［D］．辽宁工程技术大学，2005.

［18］惠功领，胡殿明．深部高应力围岩碎裂巷道支护技术［J］．煤矿支护，2006（2）：24～27.

［19］王怀新．深井主要巷道支护方式的研究与应用［J］．煤矿安全，2003，34（8）：23～27.

［20］易恭猷，韩立军，林登阁．极不稳定巷道合理支护技术研究［J］．中国煤炭，1996

(6)：47～50.

[21] 韩谷雨．大山深部区域煤层巷道支护技术的研究［J］．能源技术与管理，2008
(4)：18～20.

[22] 柏建彪，侯朝炯．深部巷道围岩控制原理与应用研究［J］．中国矿业大学学报，
2006，35（2）：145～148.

[23] 周宏伟，谢和平，左建平．深部高地应力下岩石力学行为研究进展［J］．力学进展，
2005，35（1）：91～99.

[24] 何满潮，孙晓明．软岩巷道支护设计与施工指南［M］．北京：科学出版社，2004.

[25] 王泽进，鞠文君．我国锚杆支护技术的新进展［J］．煤炭科学技术，2000（9）：
4～6.

[26] 范秋雁．论软岩支护的理论基础［J］．地下空间，1999，19（4）：328～331.

[27] 芮伟力．软岩巷道稳定性分析及其控制技术［J］．煤炭科技，2005（3）：22～24.

[28] 马其华．我国煤巷锚杆支护技术的发展［J］．中国矿业，1997，6（5）：24～27.

[29] 郑金腾．软岩巷道支护技术的研究［J］．山东矿业学院学报，1997，16（3）：
8～10.

[30] 张农．深井三软煤巷锚杆支护技术研究［J］．岩石力学与工程学报，1999，18（4）：
4～8.

[31] Aydan O, Akagi T. The squeezing potential of rock around tunnels：theory and prediction
with examples taken from Japan［J］．Rock Mechanics and Rock Engineering, 1996, 29
(3)：125～143.

[32] 陈宗基．地下巷道长期稳定的力学问题［J］．岩石力学与工程学报，1982，1（1）：
1～19.

[33] 牛学良，高延法，张庆松．软岩巷道变形特点分析［J］．矿山压力与顶板管理，
2002（3）：15～16.

[34] Fu H L. Theoretical analysis of the stability of a deep roadway［J］．Journal of China Univer-
sity of Mining and Technology, 1995, 5（1）：58～60.

[35] Xie G X, Liu Q M. Patterns governing distribution of surrounding rock stress and strata be-
haviors of fully－mechanized caving faces［J］．Journal of Coal Science and Engineering,
2004, 10（1）：5～8.

[36] 李希勇，孙庆国，胡兆锋．深井高应力岩石巷道支护研究与应用［J］．煤炭科学技
术，2002，30（2）：10～13.

[37] 姚宝珠．软岩的分类及软岩巷道支护方法［J］．煤矿安全，2004，34（12）：28～
30.

[38] 刘刚，宋宏伟．围岩松动圈影响因素的数值模拟［J］．矿冶工程，2003（1）：1～3.

[39] 乔志民，杨建场．软岩巷道支护的实践与认识［J］．矿山压力与顶板管理，1997
(2)：37～39.

[40] 王连国，韩继胜，孙求知．软岩巷道锚注支护效果的数值模拟研究［J］．山东科技

大学学报，2001，20（1）：55～56.

[41] 夏向阳. 深部高应力软岩巷道锚注支护数值模拟研究与应用［D］. 山东科技大学，2003.

[42] 郑雨天. 论我国软岩巷道支护的几个误区［J］. 井巷地压与支护，1995（2）：21～26.

[43] 张宝安. 深部软岩回采巷道高应力复杂条件下锚网索复合支护研究［D］. 辽宁工程技术大学，2004.

[44] 李志强. 复杂应力条件下深部软岩巷道矿压控制研究［D］. 重庆大学，2006.

[45] 马强. 深部巷道变形机理及支护技术研究［D］. 辽宁工程技术大学，2006.

[46] 谭云亮，刘传孝. 巷道围岩稳定性预测与控制［M］. 北京：中国矿业大学出版社，1999：183～230.

[47] 李明国，郭克宝. 深部巷道及硐室矿压显现规律研究与支护对策［J］. 西部探矿工程，2006（增）：276～277.

[48] 何满潮，景海河，孙晓明. 软岩工程地质力学研究进展［J］. 工程地质学报，2000，8（1）：46～62.

[49] 董方庭. 巷道围岩松动圈支护理论及其应用技术［M］. 北京：煤炭工业出版社，2001.

[50] 靖洪文，宋宏伟，郭志宏. 软岩巷道围岩松动圈变形机理及控制技术研究［J］. 中国矿业大学学报，1999，28（6）：560～564.

[51] 董方庭，宋宏伟，郭志宏. 巷道围岩松动圈支护理论［J］. 煤炭学报，1994，19（1）：21～31.

[52] 石建军，等. 巷道围岩松动圈测试技术及应用［J］. 煤炭工程，2008（3）：32～34.

[53] 于忠久，赵同彬. 围岩松动圈理论及其在巷道支护中的应用［J］. 煤炭技术，2004，23（8）：54～57.

[54] 何有巨. 深井高地压巷道锚杆支护技术研究［D］. 安徽理工大学，2006.

[55] Malan D F. Time – dependent behavior of deep level tabular excavations in hard rock［J］. Rock Mechanics and Rock Engineering，1999，32（3）：123～155.

[56] 何满潮，谢和平，彭苏萍. 深部开采岩体力学研究［J］. 岩石力学与工程学报，2005，24（16）：2803～2813.

[57] 孙晓明，何满潮，杨晓杰. 深部软岩巷道锚网索耦合支护非线性设计方法研究［J］. 岩土力学，2006，27（7）：1061～1065.

[58] 孙晓明，何满潮，冯增强. 深部松软破碎煤层巷道锚网索支护技术研究［J］. 煤炭科学技术，2005，33（3）：47～50.

[59] 何满潮，等. 兴安煤矿深部返修巷道锚网索耦合支护技术［J］. 煤炭科学技术，2006，34（12）：1～4.

[60] 康红普，王金华，林健. 高预应力强力支护系统及其在深部巷道中的应用［J］. 煤炭学报，2007，32（12）：1233～1238.

[61] 康红普. 煤巷锚杆支护成套技术研究与实践 [J]. 岩石力学与工程学报, 2005, 24 (21): 3959~3964.

[62] 宋召谦, 等. 深部破碎围岩巷道二次支护实践 [J]. 煤矿支护, 2006 (3): 15~17.

[63] Savchenko S N. Estimate of stress – strain state of rocks in the area of drilling Kola ultra deep well [J]. Journal of Mining Science, 2004, 40 (1): 24~30.

[64] Diering D H. Tunnels under pressure in an ultra – deep wifwatersrand gold mine [J]. The Journal of the South African Institute of Mining and Metallurgy, 2000, (3): 319~324.

[65] 柏建彪, 侯朝炯, 杜木民. 复合顶板极软煤层巷道锚杆支护技术研究 [J]. 岩石力学与工程学报, 2001, 20 (1): 53~56.

[66] 徐成亮. 深部高应力巷道锚杆支护技术初探 [J]. 煤炭科学技术, 2006, 34 (7): 76~78.

[67] 李龙生, 葛雪华. 深部围岩巷道控制中的锚注支护 [J]. 江西煤炭科技, 2008 (3): 25~27.

[68] 王连国, 王明远, 易恭猷. 高应力软岩巷道锚注支护研究 [J]. 矿山压力与顶板管理, 2000 (2): 19~20.

[69] 杨新安, 陆士良. 软岩巷道锚注支护理论与技术的研究 [J]. 煤炭学报, 1997, 22 (1): 32~36.

[70] 黄超慧. 深部高应力膨胀性软岩巷道喷锚注支护研究 [D]. 西安科技大学, 2006.

[71] 陶铭涵. 浅析矿井深部主要巷道的变形与防治 [J]. 煤炭工程, 2008 (2): 55~56.

[72] 朱衍利, 孔德森. 松散围岩巷道锚注加固技术 [J]. 煤, 2000, 9 (3): 24~27.

[73] 黄庆显. 深部开拓巷道锚喷+拱型梁+注浆+锚索联合支护应用 [J]. 煤矿支护, 2007 (3): 43~45.

[74] 侯朝炯, 勾攀峰. 巷道锚杆支护围岩强度强化机理研究 [J]. 岩石力学与工程学报, 2000, 19 (3): 342~345.

[75] Malan D F, Basson F R P. Ultra – deep mining: the increased potential for squeezing conditions [J]. The Journal of the South African Institute of Mining and Metallurgy, 1998 (4): 353~362.

[76] 凌贤长. 岩体力学研究的若干问题 [J]. 哈尔滨建筑大学学报, 1998, 31 (4): 118~123.

[77] 涂心彦, 赵九江. 预应力锚索支护在治理软岩巷道破坏中的应用 [J]. 矿山压力与顶板管理, 2002 (3): 41~42.

[78] 丁鹏. 基于反演理论的深部巷道支护方案优化研究 [D]. 中南大学, 2006.

[79] 马江军, 张淑华, 朱跃泉. 深部复杂条件下巷道变形与破坏影响因素及对策 [J]. 山东煤炭科技, 2007 (3): 39~40.

[80] 马宇, 吴满路, 廖椿庭. 金川二矿区1178分段巷道变形破坏特征及原因 [J]. 水文地质工程地质, 2006 (6): 59~61.

[81] 翼贞文, 王怀新. 深井巷道围岩变形破坏规律及其控制 [J]. 煤炭工程, 2004

（2）：10～17.

[82] 刘高，聂德新. 高应力软岩巷道围岩变形破坏研究 [J]. 岩石力学与工程学报，2000，19（6）：1201～1205.

[83] 黄超慧. 深部复杂软岩巷道围岩变形破坏分析 [J]. 陕西煤炭，2006（1）：18～20.

[84] 公茂泉. 矿井深部巷道变形破坏规律的探讨 [J]. 煤炭科学技术，1997，25（10）：9～12.

[85] 张百红，等. 深部三维地应力实测与巷道稳定性研究 [J]. 岩土力学，2008，29（9）：2547～2551.

[86] 刘允芳. 岩体地应力与工程建设 [M]. 武汉：湖北科学技术出版社，2000.

[87] 蔡美峰. 地应力测量原理和技术 [M]. 北京：科学出版社，1995.

[88] 白世伟，丁锐. 空心包体应力测量的几个问题 [J]. 岩土力学，1992，13（1）：81～85.

[89] 李光煜，白世伟. 岩体应力的现场研究 [J]. 岩土力学，1979，1（1）：41～49.

[90] 张延新，蔡美峰，王克忠. 平顶山一矿地应力分布特征研究 [J]. 岩石力学与工程学报，2004，23（23）：4033～4037.

[91] 张百红，韩立军. 深部地应力实测与巷道稳定性研究 [J]. 徐州工程学院学报，2006，21（9）：41～46.

[92] 陈坤福，靖洪文，韩立军. 基于实测地应力的巷道围岩分类 [J]. 采矿与安全工程学报，2007，24（3）：349～352.

[93] 李玉寿，王衍森，周刚. 邢台矿区三维地应力测量及应力场分析 [J]. 中国矿业大学学报，1998，27（2）：213～216.

[94] 龚宝奇，王猛，汤国水. 地应力测量及其对巷道布置的影响分析 [J]. 煤矿安全，2008（10）：94～95.

[95] 景锋，等. 铁矿深埋巷道围岩变形与地应力关系研究 [J]. 中国地质灾害与防治学报，2008，19（2）：49～53.

[96] 董世华，周树光，赵继银. 地应力场对深井巷道围岩稳定的影响 [J]. 矿业快报，2007（8）：42～43.

[97] 刘晓强，张运强. 穿越软岩的深部巷道支护技术 [J]. 中州煤炭，2007（5）：58～59.

[98] Sellers E J, Klerck P. Modeling of the effect of discontinuities on the extent of the fracture zone surrounding deep tunnels [J]. Tunneling and Underground Space Technology, 2000, 15（4）：463～469.

[99] 李东印，邢奇生，张瑞林. 深部复合顶板巷道变形破坏机理研究 [J]. 河南理工大学学报，2006，25（6）：457～460.

[100] 吴爱祥，郭立，张卫锋. 深井开采岩体破坏机理及工程控制方法综述 [J]. 矿业研究与开发，2001，15（4）：481～484.

[101] 胡玉银. 大埋深软岩巷道围岩变形破坏力学机制分析 [J]. 水文地质工程地质，

1994 (6)：4~6.

[102] 李宏业. 金川二矿区深部巷道支护机理研究以及围岩稳定性的数值模拟 [D]. 中南大学，2005.

[103] 李纯洁，孔德森. 探地雷达在松动圈确定与巷道支护参数优化中的应用 [J]. 山东科技大学学报，2008，27 (1)：19~22.

[104] 张健，浩清勇. 围岩松动圈理论在巷道锚杆支护中的应用 [J]. 煤炭技术，2002 (6)：82~83.

[105] 刘传孝. 巷道围岩松动圈雷达探测研究 [J]. 矿山压力与顶板管理，2000 (1)：27~29.

[106] 高有存. 围岩松动圈支护理论在破碎巷道修复中的应用 [J]. 山东煤炭科技，2008 (2)：1~3.

[107] 侯多茂. 围岩松动圈测试技术在双柳煤矿回采巷道中的应用 [J]. 煤矿开采，2007，12 (1)：59~61.

[108] 丁宽. 利用震波的传播速度确定巷道围岩松动圈 [J]. 煤炭工程，2007 (2)：97~99.

[109] 郭世波，孙秀青. 围岩松动圈支护理论及在煤层巷道支护中的应用 [J]. 西部探矿工程，2007 (9)：164~165.

[110] 王学滨，潘一山，李英杰. 围压对巷道围岩应力分布及松动圈的影响 [J]. 地下空间与工程学报，2006，2 (6)：962~966.

[111] 杨学胜，庞家平. 深部大断面巷道交叉点综合支护技术 [J]. 淮南职业技术学院学报，2008，8 (1)：11~12.

[112] 刘瑞生. 屯留煤矿深部软岩高应力巷道支护设计方法 [J]. 煤，2008，17 (5)：1~4.

[113] 王慧明. 深部巷道破坏特征和掘支技术的实践 [J]. 煤炭科学技术，2008，36 (5)：28~30.

[114] 孙晓明，杨军，曹伍富. 深部回采巷道锚网索耦合支护时空作用规律研究 [J]. 岩石力学与工程学报，2007，26 (5)：895~900.

[115] 陆士良，姜耀东. 支护阻力对软岩巷道围岩的控制作用 [J]. 岩土力学，1998，19 (1)：1~6.

[116] 王卫军，李树清，欧阳广斌. 深井煤层巷道围岩控制技术及试验研究 [J]. 岩石力学与工程学报，2006，25 (10)：2102~2107.

[117] 张孝洪. 二次支护技术在矿井深部巷道施工中的应用 [J]. 江西煤炭科技，2007 (3)：8~9.

[118] 方晓瑜，刘小合，李龙辉. 深部高应力失修巷道修复技术 [J]. 建井技术，2007，28 (5)：15~17.

[119] Diering D H. Ultra – deep level mining – future requirements [J]. Journal of the African Institute of Mining and Metallurgy, 1997, 97 (6)：249~255.

[120] Malan D F. Simulation of the time – dependent behavior of excavations in hard rock [J]. Rock Mechanics and Rock Engineering, 2002, 35 (4): 225 ~ 254.

[121] 姜耀东, 刘文岗, 赵毅鑫. 开滦矿区深部开采中巷道围岩稳定性研究 [J]. 岩石力学与工程学报, 2005, 24 (11): 1857 ~ 1862.

[122] 朱学军, 杜兵, 赵方敏. 深部高应力巷道矿压显现与控制 [J]. 矿山压力与顶板管理, 2000 (3): 64 ~ 66.

[123] 林登阁. 高应力松散破碎围岩巷道支护技术 [J]. 建井技术, 2001, 22 (5): 26 ~ 28.

[124] 李德忠, 夏新川, 韩家根. 深井回采巷道锚网、锚索联合支护技术 [J]. 矿山压力与顶板管理, 2003 (4): 33 ~ 34.

[125] 杜计平, 苏景春. 煤矿深井开采的矿压显现及控制 [M]. 徐州: 中国矿业大学出版社, 2000.

[126] 穆玉生. 金川二矿区深部巷道稳定性与支护技术研究 [D]. 昆明理工大学, 2005.

[127] 杨春丽. 金川二矿区深部巷道支护技术研究 [D]. 昆明理工大学, 2006.

[128] 宋振宇. 林西矿深部回采巷道锚网索联合支护研究与应用 [D]. 辽宁工程技术大学, 2007.

[129] 曾佑富. 石嘴山一矿深部高应力松软复杂围岩巷道联合支护研究 [D]. 西安科技大学, 2006.

[130] 孔德森, 蒋金泉. 深部巷道在构造应力场中稳定性分析 [J]. 矿山压力与顶板管理, 2000 (4): 56 ~ 58.

[131] 孔德森, 蒋金泉. 深部巷道锚杆支护参数优化设计 [J]. 煤, 2001, 10 (6): 1 ~ 3.

[132] 李东善. 开滦赵各庄矿业公司深部回采巷道支护研究 [D]. 辽宁工程技术大学, 2006.

[133] 张军, 尹根成. 深部巷道底臌对围岩稳定性的影响 [J]. 矿业研究与开发, 2007, 27 (6): 30 ~ 32.

[134] 兰永伟, 张永吉. 深部开采条件下巷道底臌机理的研究 [J]. 矿业研究与开发, 2005, 25 (1): 44 ~ 49.

[135] 潘一山, 章梦涛. 深埋软岩巷道底臌机理及控制的模拟试验研究 [J]. 矿山压力与顶板管理, 1992 (2): 9 ~ 13.

[136] 宋振宇. 深部高应力强底臌巷道锚网支护技术 [J]. 煤炭技术, 2006, 25 (9): 78 ~ 79.

[137] 姜耀东, 赵毅鑫, 刘文岗. 深部开采中巷道底臌问题的研究 [J]. 岩石力学与工程学报, 2004, 23 (7): 2396 ~ 2401.

[138] 田敬海, 柳敦国. 深部巷道变形观测与支护研究 [J]. 山东煤炭科技, 2007 (3): 69 ~ 70.

[139] 唐玉柱, 伊晓雨. 井下大断面巷道的施工监测 [J]. 有色金属, 2008, 60 (1):

11 ~ 13.

[140] 王双喜. 煤巷锚杆支护的施工设计及矿压监测 [J]. 科技情报开发与经济, 2006 (24): 286 ~ 287.

[141] 隋红军, 张淑坤, 路达. 采区巷道监测方案设计分析 [J]. 山西建筑, 2008, 34 (10): 100 ~ 101.

[142] 王兰生, 靳晓光. 公路隧道围岩变形监测及其应用 [J]. 中国地质灾害与防治学报, 2000 (8): 93 ~ 94.

[143] 付荣. 煤矿巷道锚杆支护监测仪器与应用 [J]. 煤, 2008, 17 (4): 68 ~ 69.

[144] 廖高华, 刘德辉. 新型锚杆支护巷道安全监测系统 [J]. 工矿自动化, 2008 (4): 4 ~ 7.

[145] 谢道刚. 巷道锚杆施工质量控制及监测 [J]. 煤炭技术, 2008, 27 (6): 122 ~ 123.

[146] 伍永平, 来兴平, 南葆. 深部高应力松软岩层稳定性监测及试验研究 [J]. 西安科技大学学报, 2005, 25 (4): 407 ~ 409.

[147] 刘长武, 郭永峰. 锚网索支护煤巷顶板离层临界值分析 [J]. 岩土力学, 2003, 24 (增): 231 ~ 234.

[148] 于腾飞, 苏维嘉. 巷道围岩变形自动监测系统 [J]. 2008, 27 (增): 213 ~ 215.

[149] 张炜, 等. 大断面回采巷道锚梁网索联合支护效果分析 [J]. 煤炭工程, 2008 (7): 64 ~ 66.

[150] 宋恕夏, 包四根. 金川地下工程地压特征及维护 [J]. 岩石力学与工程学报, 1991, 10 (2): 138 ~ 148.

[151] 孔德森, 蒋金泉. 深部巷道围岩稳定性预测与锚杆支护优化 [J]. 矿山压力与顶板管理, 2002 (2): 29 ~ 31.

冶金工业出版社部分图书推荐

书　名	作　者	定价(元)
中国冶金百科全书·采矿卷	本书编委会　编	180.00
现代金属矿床开采科学技术	古德生　等著	260.00
采矿工程师手册(上、下册)	于润沧　主编	395.00
我国金属矿山安全与环境科技发展前瞻研究	古德生　等著	45.00
地质学(第4版)(国规教材)	徐九华　主编	40.00
采矿学(第2版)(国规教材)	王　青　主编	58.00
金属矿床露天开采(本科教材)	陈晓青　主编	28.00
露天矿边坡稳定分析与控制(本科教材)	常来山　主编	30.00
地下矿围岩压力分析与控制(本科教材)	杨宇江　等编	39.00
地下建筑工程(本科教材)	门玉明　主编	45.00
工程地质学(本科教材)	张　荫　主编	32.00
岩土工程测试技术(本科教材)	沈　扬　主编	33.00
矿山安全工程(国规教材)	陈宝智　主编	30.00
矿山岩石力学(本科教材)	李俊平　主编	49.00
高等硬岩采矿学(第2版)(本科教材)	杨　鹏　编著	32.00
矿井通风与除尘(本科教材)	浑宝炬　等编	25.00
采矿工程概论(本科教材)	黄志安　等编	39.00
金属矿床开采(高职高专教材)	刘念苏　主编	53.00
岩石力学(高职高专教材)	杨建中　等编	26.00
矿山地质(高职高专教材)	刘兴科　主编	39.00
露天矿开采技术(第2版)(职教国规教材)	夏建波　主编	估35.00
工程爆破(第3版)(职教国规教材)	翁春林　主编	估40.00
井巷设计与施工(第2版)(职教国规教材)	李长权　主编	估35.00
矿山提升与运输(高职高专教材)	陈国山　主编	39.00
金属矿床地下开采(高职高专教材)	李建波　主编	42.00
金属矿山环境保护与安全(高职高专教材)	孙文武　主编	35.00
安全系统工程(高职高专教材)	林　友　主编	24.00
矿山测量技术(职业技能培训教材)	陈步尚　主编	39.00